DIE UMWANDLUNGEN DER CHEMISCHEN ELEMENTE

VON

ARTHUR HAAS

DR. PHIL., PROFESSOR FÜR PHYSIK AN DER UNIVERSITÄT
IN WIEN

MIT 31 ABBILDUNGEN

WALTER DE GRUYTER & CO.

VORMALS G. J. GÖSCHEN'SCHE VERLAGSHANDLUNG · J. GUTTENTAG, VERLAGSBUCHHANDLUNG · GEORG REIMER · KARL J. TRÜBNER · VEIT & COMP.

BERLIN UND LEIPZIG 1935

Archivnummer 52 54 35
Druck von Walter de Gruyter & Co., Berlin W 10.
Printed in Germany.

DR. PARKE REXFORD KOLBE

PRÄSIDENTEN DES DREXEL-INSTITUTE IN PHILADELPHIA

FRÜHER PRÄSIDENTEN DES POLYTECHNIC INSTITUTE OF BROOKLYN

GEWIDMET

Vorwort.

Unter den wissenschaftlichen Leistungen der letzten drei Jahre haben vielleicht wenige so viel Interesse in weitesten Kreisen erweckt wie die umwälzenden Entdeckungen, die in dieser Zeit der physikalischen Forschung glückten. Sie enthüllte neue Urbausteine der Materie; sie vermochte in sicherem Experimente die Entstehung und Vernichtung von Materie nachzuweisen; sie entdeckte in alltäglichsten Stoffen nicht unbeträchtliche und dennoch früher unbekannte Beimengungen. Am gewaltigsten aber waren die Fortschritte in der künstlichen Zerlegung und Umwandlung der chemischen Grundstoffe und in der künstlichen Herbeiführung von Radioaktivität; durch eine Fülle verblüffender Experimente sind heute alte alchimistische Ideen in modernem Gewand und auf exakter Grundlage Wirklichkeit geworden. Ein neuer physikalisch-chemischer Wissenszweig ist in Entwicklung, der vielleicht ungeahnte Möglichkeiten künftiger technischer Verwertung in sich birgt.

Von diesen neuen Entdeckungen soll das vorliegende Büchlein, das aus Wiener Universitätsvorlesungen hervorgegangen ist, zusammenfassend in möglichst leicht verständlicher Form berichten. Der Verfasser hofft seine Darstellung auch dem Bedürfnis solcher Leser angepaßt zu haben, die nur mit den bekanntesten Tatsachen der Physik, nicht aber mit deren modernen Einzelheiten vertraut sind.

Herzlich sei den Herren Dr. Eugen Guth, stud. phil. Herbert Ph. Eckstein und stud. phil. Josef Mayerhöfer für die freundliche Hilfe bei dem Lesen der Korrektur gedankt.

Wien, im April 1935.

Arthur Haas.

Inhaltsverzeichnis.

Verzeichnis der Abbildungen.

Die Quellen der Abbildungen sind in den Beschriftungen angegeben.

Nachträge (von Mitte April 1935)

Als ein neues stabiles Isotop wurde von ASTON Eisen (Nr. 26) von der Masse 57 entdeckt. HEVESY und Mitarbeiter konnten ein radioaktives Kalium-Isotop von der Masse 42 durch Einwirkung von Neutronen sowohl aus Kalium (Nr. 19) als auch aus Calcium (Nr. 20) und Scandium (Nr. 21) herstellen.

Erster Vortrag.

Die Materialisation des Lichtes.

Der gewaltige Aufschwung der modernen Physik offenbart sich am deutlichsten in der Fülle solcher Entdeckungen, die in völligem Widerspruch zu Vorstellungen stehen, die noch vor wenigen Jahrzehnten als unantastbare Dogmen der Naturwissenschaft gegolten hatten. Vielleicht auf keinem anderen Gebiete hat eine Gruppe derartiger Entdeckungen in weitesten Kreisen so viel Aufsehen erweckt wie die künstlichen Grundstoffumwandlungen, die seit 1932 in rasch wachsender Zahl den Forschern glückten.

Längst erscheint heute die einstige Auffassung überholt, die die chemischen Elemente als starr und unwandelbar betrachtet hatte. Nicht einmal die Materie als solche kann heute als die unerschaffbare und unzerstörbare Substanz angesehen werden, als die sie stets gegolten hatte; denn seit 1933 konnte in mannigfachen Experimenten das Entstehen und Vergehen von Materie unmittelbar beobachtet, ja sogar photographiert werden. Da jedesfalls die Idee der Materie umfassender als diejenige der chemischen Elemente ist, mag es nicht unangebracht sein, die Erörterung dieser „Materialisationsphänomene" der Erörterung der eigentlichen Grundstoffumwandlungen vorauszuschicken.

In theoretischer Hinsicht bildet den Schlüssel zum Verständnis dieser Erscheinungen ein fundamentales Prinzip, das im Jahre 1905 in die Physik Eingang gefunden hat. Es besagt, daß jede Änderung des Energieinhaltes eines Körpers zugleich auch eine Änderung der Masse des Körpers herbeiführen muß. Ein Körper, der Strahlung verschluckt oder sich erwärmt, wird schwerer; hingegen wird ein Körper leichter, wenn er Strahlung aussendet oder sich abkühlt. Zwischen der Änderung des Energieinhalts und der dadurch verursachten Änderung der Masse ergibt sich eine sehr einfache Beziehung; es erweist sich die Änderung der Masse gleich der Energieänderung, gebrochen durch das Quadrat der Lichtgeschwindigkeit. Da diese 3.10^{10} cm pro sec beträgt[1], so erhält man die Massenänderung in Gramm, indem man die in absoluten Energieeinheiten (Erg) ausgedrückte Energieänderung[2] durch 9.10^{20} dividiert. Die mit beobachtbaren Energieänderungen verknüpften Massenänderungen sind daher im allgemeinen viel zu klein, als daß sie wahrgenommen werden könnten. Wenn sich z. B. eine Wassermenge im Gewichte von tausend Tonnen (10^9 g) um 100^0 abkühlt, also 10^{11} Kalorien[3] oder, was dasselbe ist, $4{,}2.10^{18}$ Erg abgibt, so beträgt doch der Massenverlust erst etwa fünf Milligramm.

Die Verallgemeinerung dieser Erkenntnis führte zu dem wichtigen Gesetz, wonach jeder Masse eine Eigenenergie zukommt, die sich durch Multiplikation der Masse mit dem Quadrate der Lichtgeschwindigkeit ergibt (in knapper mathematischer Formel $E = m c^2$). Es sind freilich phantastische Werte, die man nach diesem Gesetz für die Eigenenergie der Materie erhält. Denn in jedem Gramm schlummern danach 9.10^{20} Erg, also eine Energiemenge, die 20 Billionen Kalorien oder eine mögliche Arbeitsleistung von 9 Billionen Kilogramm-Metern darstellt.[4] Stellen wir uns einmal vor, daß sich eine Wundermaschine konstruieren ließe, die durch die Eigenenergie von irgendwelchem in die Maschine eingeführten Stoffe betrieben werden könnte. Es würde dann genügen, in diese Maschine stündlich einige wenige Gramm von irgend einer Substanz, z. B. Papier oder Wasser oder gar Luft, einzuführen, um eine ebensogroße Zahl von Pferdestärken zu gewinnen wie aus den riesigsten Kraftwerken der Gegenwart.

Auf Grund des Prinzips der Eigenenergie müssen wir wohl annehmen, daß die Erzeugung von Materie einen Energieaufwand erfordert, der sich pro Gramm des zu schaffenden Stoffes auf 9.10^{20} Erg stellen würde. Umgekehrt müßte diese Energiemenge bei dem etwaigen Verschwinden von Materie frei werden. Von besonderem Interesse ist nun natürlich die Frage, welche Energie erforderlich wäre, um die kleinsten bekannten Materieteilchen zu erzeugen. Diese sind, wie heute wohl allgemein bekannt, die sogenannten Elektronen, die eine 1838mal kleinere Masse als das leichteste Atom, das Wasserstoffatom, aufweisen; sie beträgt, wie man genau weiß, $9{,}0 . 10^{-28}$ g. Wenn wir diese Zahl mit $9 . 10^{20}$ multiplizieren, ergibt sich die Eigenenergie eines Elektrons zu $8{,}1 . 10^{-7}$ Erg.

Wir haben bisher die Energie in der in der klassischen theoretischen Physik üblichen Einheit, nämlich in Erg angegeben, wollen uns aber von nun ab derjenigen Einheit bedienen, die in der Atomphysik üblich geworden ist und die sich aus verschiedenen, später noch zu erörternden Gründen als sehr zweckmäßig erweist. Diese Einheit wird durch diejenige Arbeit dargestellt, die ein Elektron bei dem Durchlaufen einer Spannung von 1 Volt leistet[5], und wird darum Elektron-Volt genannt; das übliche Symbol hierfür ist eV. Das Tausendfache dieser Einheit wird als Elektron-Kilovolt (ekV), das Millionenfache als Elektron-Megavolt (eMV) bezeichnet. Es muß freilich sorgfältig beachtet werden, daß das Elektron-Volt ebensowenig eine Einheit der Spannung ist, wie etwa das vorhin erwähnte Kilogramm-Meter eine Längeneinheit ist. Wohl aber stimmt in einfachen Fällen die Zahl der bei der Erscheinung in Betracht kommenden Volt mit der Zahl der auftretenden Elektron-Volt überein. Wenn z. B. in einer Entladungsröhre Elektronen einer Spannung von x Volt ausgesetzt werden, so erlangen sie dadurch eine Energie von x Elektron-Volt.

Bei dem Durchlaufen einer Spannung von 1 Volt leistet nun ein Körper, der eine Einheitsladung (eine „elektrostatische" Einheit[6]) trägt, Arbeit im Betrage von 1/300 Erg (Das Auftreten des Faktors 1/300 erklärt sich daraus, daß erst 300 Volt die absolute elektrostatische Einheit der Spannung im g-cm-sec-System ergeben). Von dem Elektron weiß man auf Grund mannigfachster Messungen, daß es eine Ladung von $4{,}77 . 10^{-10}$ elektrostatischen Einheiten trägt; daher ist ein eV gleich $1{,}59 . 10^{-12}$ Erg, und somit beträgt die Eigenenergie eines Elektrons 509 ekV, oder rund $^1/_2$ eMV.

Für die mögliche Erzeugung von Materie muß nun begreiflicherweise solche Energie in Betracht gezogen werden, die sich in der Natur in einer nicht der Materie anhaftenden Form vorfindet, und dies ist die elektromagnetische Strahlung, also „Licht“ im weitesten Sinne dieses Wortes — in dem Sinne, der auch die Strahlen jenseits des Rot bis in das Gebiet der Radiowellen und jenseits des Violett bis in das Gebiet der Röntgen- und Gammastrahlen mit einbezieht. Obwohl in ihrem Wesen gleich, unterscheiden sich bekanntlich die verschiedenen „Licht“-Strahlen durch ihre Wellenlänge. Diese reicht von etwa 100 bis 2000 m bei den Rundfunkwellen bis zu 8.10^{-5} cm bei dem sichtbaren Rot, 4.10^{-5} cm bei dem sichtbaren Violett und über den Bereich der Röntgenstrahlen bis zu etwa 10^{-11} cm im Gebiete der Gamma-Strahlen. Indem man die Lichtgeschwindigkeit (also 3.10^{10}) durch die in cm ausgedrückte Wellenlänge dividiert, erhält man die Frequenz pro sec. Sie beträgt z. B. für violettes Licht 8.10^{14} und erreicht bei den Gamma-Strahlen Werte bis zu 10^{21}.

Wie nun im Jahre 1900 PLANCK entdeckte, setzt sich die Energie der elektromagnetischen Strahlung aus „Elementen“ zusammen, die durch das Produkt aus der Frequenz und einer universellen Konstanten, dem sogenannten elementaren Wirkungsquantum, dargestellt sind. PLANCK, der zuerst die Existenz dieser für die moderne Physik fundamentalen Konstanten erkannte, hat auch bereits im Jahre 1900 ihren Wert richtig ermittelt. Er beträgt $6{,}5.10^{-27}$ Erg mal Sekunden; d. h. wenn man die auf die Sekunde bezogene Frequenz mit $6{,}5.10^{-27}$ multipliziert, so erhält man die Energie eines „Elementes“ in Erg. Für rotes Licht findet man derart z. B. $2{,}5.10^{-12}$ Erg, für violettes Licht das Doppelte.

Während PLANCK ursprünglich nur annahm, daß derartige Energieelemente bei der Emission und Absorption von Strahlung eine Rolle spielen, hat 1905 EINSTEIN die Vorstellung begründet, daß sich überhaupt alles Licht aus Lichtquanten oder, wie man sie neuestens nennt, aus Photonen zusammensetzt.[7] Daß sie verschwindend klein sind, geht schon daraus hervor, daß erst die Energie von rund einer Trillion (10^{18}) violetter Lichtquanten derjenigen Energie gleichkommt, die aufgewendet werden muß, um ein Gewicht von 1 kg 5 cm hoch zu heben.

Bedienen wir uns wieder des Elektron-Volts als Einheit, so ergibt sich die Lichtquantenenergie für rotes Licht zu etwa

$1^1/_2$ und für violettes Licht zu etwa 3 eV. Etwa 1000 bis 100 000 mal größer als bei dem sichtbaren Licht ist die Frequenz und somit auch die Lichtquantenenergie bei den Röntgenstrahlen. Bei einer Röntgenröhre, die mit einer Spannung von x Volt betrieben wird, beträgt die höchste auftretende Lichtquantenenergie x Elektron-Volt. Die medizinische Röntgentechnik verwendet z. B. in der Oberflächentherapie Spannungen von einigen tausend Volt, für diagnostische Zwecke Spannungen zwischen ungefähr 30 000 und 100 000 Volt, für tiefentherapeutische Zwecke aber gar Spannungen von einigen hunderttausend Volt. Hier nähert sich also tatsächlich bereits die Lichtquantenenergie der Röntgenstrahlen der Eigenenergie eines Elektrons.

Eine noch höhere Frequenz als die kürzestwelligen Röntgenstrahlen weisen die ihnen ähnlichen Gamma-Strahlen auf, die von radioaktiven Substanzen ausgesendet werden. Durch besonders kurzwellige, also besonders „harte" γ-Strahlung sind die radioaktiven Elemente Polonium, Radium C und Thorium C″ ausgezeichnet.[8] Die Poloniumstrahlung entspricht 800 kV, diejenige des Radium C 1,8 Millionen und die Strahlung des Thorium C″ gar 2,6 Millionen Volt. Die härteste bekannte γ-Strahlung ist die später noch näher zu besprechende sekundäre Strahlung, die von Beryllium ausgeht, wenn dieses mit α-Strahlen[9] bombardiert wird; die sekundäre Beryllium-Strahlung entspricht etwa 5 Millionen Volt, was eine Wellenlänge von ungefähr 2.10^{-11} cm bedeutet. In den drei zuletzt angeführten Fällen des Po, Th C″ und des Be überragt also tatsächlich die Lichtquantenenergie die Eigenenergie eines Elektrons; gleichwohl mußte die Annahme einer möglichen Materialisation solcher Lichtquanten zunächst noch einer wesentlichen Schwierigkeit begegnen.

Ein längst bekannter physikalischer Erfahrungssatz besagt nämlich, daß man bei dem „Elektrisieren" nie eine Menge positiver oder negativer Elektrizität erzeugen kann, ohne zugleich eine gleich große Menge entgegengesetzter Elektrizität ins Leben zu rufen; die algebraische Summe der erzeugten Elektrizität bleibt stets null, weshalb man von der Erhaltung der Elektrizität spricht. Da nun die Elektronen eine negativ elektrische Ladung aufweisen, würde die Erzeugung eines

Elektrons nur möglich sein, wenn gleichzeitig auch ein positiv elektrisches Materieteilchen von gleicher, aber entgegengesetzter Ladung ins Leben gerufen wird.

Hier ergab sich nun die große Schwierigkeit, daß die Physiker zunächst nur solche positiv elektrische und auch nur solche neutrale Materieteilchen kannten, deren Masse diejenige des Elektrons ganz wesentlich übertrifft. Das Proton, das in Verbindung mit einem Elektron ein Wasserstoffatom darstellt und von dem später noch eingehender die Rede sein wird, ist 1837 mal schwerer als das Elektron, und als nahezu ebenso schwer ergab sich das ebenfalls noch näher zu erörternde Neutron, der elektrisch neutrale Urbaustein der Materie. Der rund 2000 mal größeren Masse entspricht aber natürlich auch eine 2000 mal größere Eigenenergie. So mußte zunächst wohl ein Energieaufwand von wenigstens einer Milliarde eV erforderlich erscheinen, um ohne Verletzung des Satzes von der Erhaltung der Elektrizität überhaupt Materie zu erzeugen; Strahlung von so hoher Quantenenergie stand aber nicht zur Verfügung.

Die Vorstellung, daß nur negative Ladungen nahezu „masselos", hingegen positive stets „massig" seien, hatte sich so tief eingewurzelt, daß die ersten Meldungen anfänglich wenig Glauben fanden, die 1932 von vereinzelten Beobachtungen positiver Elektronen zu berichten wußten. Auf die ersten Beobachtungen folgten indessen rasch mannigfache andere, die sich auf so präzise und verläßliche Methoden gründeten, daß nicht länger an der wirklichen Existenz von Teilchen gezweifelt werden konnte, die mit der Masse der längst bekannten Elektronen eine entgegengesetzt gleiche positive Ladung verbinden.

Zum Verständnis der Einzelheiten dieser Entdeckung möge zunächst eine kurze Zwischenbetrachtung über die wichtigste Methode eingeschaltet werden, die die Wahrnehmung einzelner Atome und Atombausteine ermöglicht und die im Beginne des 20. Jahrhunderts von C.T.R. WILSON geschaffen worden war. WILSONs Erfindung ging von den Erscheinungen des übersättigten Dampfes aus. Es ist aus der Wärmelehre wohl bekannt, daß Luft bei gegebener Temperatur im allgemeinen pro Kubikmeter nur eine bestimmte, für diese Temperatur charakteristische Menge Wasserdampf zu fassen vermag, und zwar ist diese Höchstmenge, bei der die Luft mit Dampf „gesättigt" ist, umso geringer, je niedriger die Temperatur ist. Wenn daher Luft bis auf die Temperatur abgekühlt wird, bei der sie für den tatsächlich vorhandenen Dampf gesättigt ist, beginnt sich im allgemeinen der Dampf unter Tropfenbildung zu kondensieren, und auf dieser Tatsache beruhen die wohlbekannten atmosphärischen Erscheinungen des Regens und Nebels. Tröpfchenbildung hat jedoch das Vorhandensein von geeigneten Kondensationskernen, wie von Staubkörnchen, zur Voraussetzung. In vollkommen staubfreier Luft kann rasche Abkühlung bis zu einer Temperatur fortgesetzt werden, für die die Luft mit Wasserdampf achtfach übersättigt erscheint. Natürlich ist dieser Zustand des „übersättigten Dampfes" nur labil; es genügt, Spuren von Staub in die Luft zu bringen, um sofortige Kondensation herbeizuführen.

WILSON fand nun, daß in übersättigtem Dampf ebenso wie Staubkörnchen auch Gasionen als Kondensationskerne wirken.[10] Wenn in der Luft Ionen vorhanden sind, so genügt zur Herbeiführung der Tröpfchenbildung eine geringere Abkühlung von staubfreier Luft als bei dem Fehlen von Ionen.[11] Auf diese Erkenntnis gründete WILSON eine Methode der Photographie der Ionen, wobei natürlich nicht die Ionen selbst, sondern die sie umgebenden, entstandenen Tröpfchen zur Abbildung gelangen.

Eine Erweiterung dieser Methode ermöglichte WILSON auch die photographische Aufnahme der Bahnen der von radioaktiven Substanzen fortgeschleuderten, elektrisch geladenen Teilchen, nämlich der positiv elektrischen α- und der negativ elektrischen β-Teilchen, welch letztere mit Elektronen identisch sind. Auf ihrem Wege durch die Luft erzeugen nämlich diese Teilchen Ionen; erfolgt nun die Photographie rasch genug, so daß sich die Ionen im Augenblick der Aufnahme noch an denselben Stellen befinden, an denen sie gebildet wurden, so wird bei geeigneter Beleuchtung eine scharfe Bahnspur in der Form von aneinander gereihten Tröpfchen erkennbar. Obwohl die Teilchen selbst nur einen Durchmesser von der Größenordnung von 10^{-13} cm haben, offenbart sich derart durch WILSONs genialen Kunstgriff ihre Bahnspur in einer Breite von einigen Zehntel Millimeter.

Die WILSON-Kammer, die derartigen Aufnahmen dient, besteht aus einem Kasten, der eine außerordentlich rasche

Expansion und damit eine sofortige Abkühlung der Luft ermöglicht. Die Wände der Kammer sind so eingerichtet, daß sie den Teilchen, deren Bahnen photographiert werden sollen, den Durchtritt gestatten, sind aber auch soweit, als es erforderlich ist, durchsichtig. Die Beleuchtung zum Zwecke der Aufnahme erfolgt durch einen elektrischen Funken, der durch die Expansion mittels einer geeigneten Koppelung ausgelöst wird.

Abb. 1. Bahnen von α-Teilchen (Nebelkammeraufnahmen nach C. T. R. WILSON).

Abb. 1 zeigt eine WILSONsche Photographie der Bahnen von α-Teilchen. Wie man anderweitig gefunden hat, erzeugt ein α-Teilchen in Luft insgesamt 100000 bis 250000 Ionenpaare. Die Bahnen erscheinen als gerade Linien, die jedoch in einer bestimmten, als Reichweite bezeichneten Entfernung von dem Ursprung abbrechen; die α-Teilchen haben nämlich dann soviel von ihrer kinetischen Energie bereits eingebüßt, daß sie zu weiterer Ionisierung nicht mehr fähig sind. Die

β-Teilchen rufen eine wesentlich geringere Ionisierung als α-Teilchen hervor, indem sie nur etwa je 10 000 Ionenpaare erzeugen. Als Elektronen sind sie, wie wir später noch sehen werden, rund 7000 mal leichter als die α-Teilchen und werden infolgedessen bei Zusammenstößen mit den viel schwereren Luftionen oft aus ihrer Bahn geworfen. So erklärt es sich, daß die Spuren der Bahnen von β-Teilchen in einzelne Nebeltröpfchen aufgelöst erscheinen können (vgl. Abb. 2).

Mittels einer WILSON-Kammer lassen sich natürlich auch die Krümmungen photographieren, die die Bahnen elektrisch geladener Teilchen durch ein genügend starkes Magnetfeld

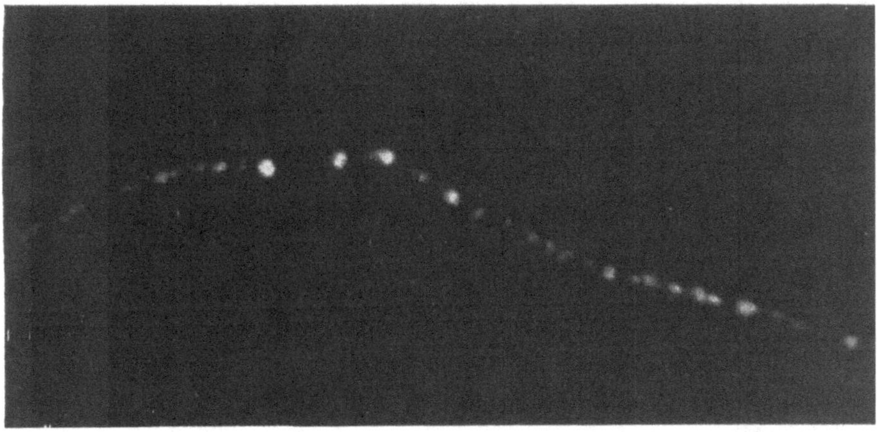

Abb. 2. Bahn eines β-Teilchens (Nebelkammeraufnahme).

notwendigerweise erfahren[12]. Aus dem Sinn der Krümmung vermag man dann bei bekanntem Sinn der Flugrichtung zu beurteilen, ob die Teilchen positiv oder negativ elektrisch sind (Neutrale Teilchen erscheinen nicht in der Photographie, weil sie keine genügende Ionisierung hervorbringen). Aus dem Grade der Krümmung lassen sich aber auch wichtige Schlüsse auf die sonstige Natur der Teilchen ziehen. Denn aus der Theorie folgt, daß unter sonst gleichen Umständen der Grad der Krümmung (gemessen durch den reziproken Krümmungsradius) proportional der magnetischen Feldstärke und der Ladung und umgekehrt proportional der Geschwindigkeit und der Masse des bewegten Teilchens ist.[13]

Mittels einer WILSON-Kammer und eines starken Magnetfeldes untersuchte nun im Jahre 1932 der amerikanische Physiker ANDERSON die sogenannte kosmische Strahlung[14]. Die Kammer war vertikal aufgestellt und in ihrer Mitte von einer 6 mm dicken Bleiplatte durchquert. Da bei deren Durchsetzen ein Teilchen jedesfalls kinetische Energie einbüßt und da einer geringeren Geschwindigkeit eine stärkere Bahnkrümmung entspricht, konnte derart aus der Verschiedenheit der Krümmung zu beiden Seiten der Platte beurteilt werden, in welcher Richtung das beobachtete Teilchen flog; damit war aber aus dem Sinne der magnetischen Ablenkung das Vorzeichen der Ladung feststellbar.

Die Wirkung der kosmischen Strahlung offenbart sich nun in einer Ionisierung der Luft, die längs scharf ausgeprägter Spuren erfolgt. Da sich die Bahnspuren als magnetisch ablenkbar erweisen, müssen sie elektrisch geladenen Teilchen, vielleicht sekundären Ursprungs, zugeschrieben werden. ANDERSON fand, wie wohl zunächst erwartet werden konnte, einerseits Spuren von negativ geladenen Teilchen, für die sich aus der festgestellten Krümmung und dem beobachteten, durch die Bleiplatte verursachten Energieverlust dieselben Werte der Masse und Ladung wie bei Elektronen ergaben; andererseits nahm er die Spuren positiv geladener Teilchen wahr, denen die Eigenschaften der schon lange bekannten Protonen (Wasserstoffkerne) und somit auch eine fast 2000 mal größere Masse als den Elektronen zugeschrieben werden mußten. Zu seiner großen Überraschung stellte nun aber einmal ANDERSON auch eine Spur fest, deren Photographie in Abb. 3 wiedergegeben ist.

Bei dieser Spur war die Krümmung im oberen Teil stärker als im unteren, so daß sich also das Teilchen (wie viele andere) von unten nach oben bewegte.[15] In einem solchen Falle entsprach bei der getroffenen Anordnung des Magnetfeldes eine nach links konkave Bahn einer positiven Ladung; gleichwohl zeigte sich die Krümmung so stark, wie sie sonst nur bei den negativ elektrischen Elektronen beobachtet wurde, aber keineswegs bei den Protonen, deren Bahnen nur schwach gekrümmt erscheinen. Man konnte nun von vornherein annehmen, daß es sich bei der besprochenen Bahnspur um ein besonders „langsames" Proton handelte. Gegen eine solche Annahme sprach aber ganz deutlich die Tatsache, daß das Teilchen doch imstande war, die Bleiplatte von 6 mm Dicke zu durchqueren. Unter der Voraussetzung, daß das Teilchen ein Proton wäre, würde sich aus der photographierten Krümmung die Energie für den unteren Teil der Bahn nur zu 300 000 eV ergeben, und Protonen dieser Energie sind, wie man aus sonstiger Erfahrung weiß, kaum imstande, 6 mm in Luft, geschweige denn in Blei zurückzulegen. Nimmt man hingegen die Masse des Teilchens gleich derjenigen eines Elektrons an, wofür der gleiche Grad der Krümmung spricht, so gelangt man zu einer Energie von 63

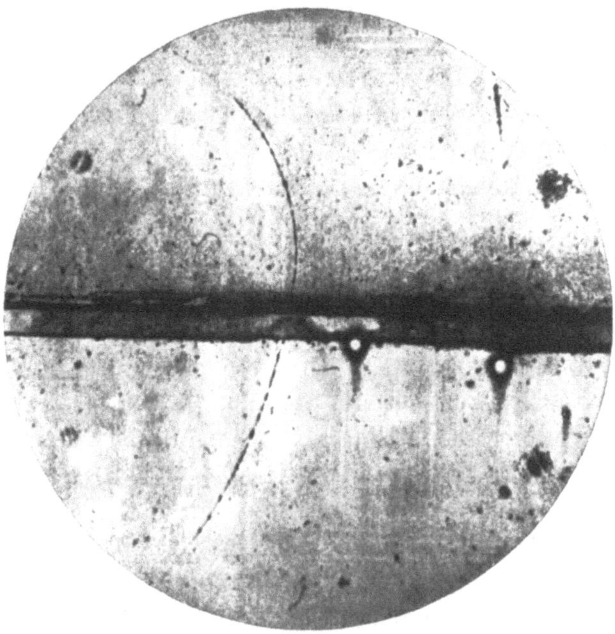

Abb. 3. Spur des ersten, von ANDERSON entdeckten Positrons (aus Physical Review, vol. 43).

eMV vor und von 23 eMV nach dem Durchsetzen der Bleiplatte, was durchaus plausibel erscheint.

Nach der Entdeckung des ersten positiven Elektrons setzte natürlich ANDERSON mit großem Eifer seine Untersuchungen fort, und es gelang ihm in der Tat, noch weitere ähnliche Spuren aufzufinden. Völlig sicher wurde die Existenz des positiven Elektrons oder, wie es nun bald genannt wurde, des Positrons, durch Untersuchungen von BLACKETT und OCCHIALINI in Cambridge (England). Diese beiden Forscher erfanden eine Vorrichtung, bei der die die Kammer durcheilenden elektrischen Teilchen mittels einer Verstärkerröhre automatisch ein Ventil in Bewegung setzen, das die Expansion der Kammer und die für die Aufnahme erforderliche Beleuchtung herbeiführt. Die Gesamtzeit von der Auslösung bis zur Beendigung der Expansion konnte durch besondere Kunstgriffe auf 1/100 sec herabgesetzt werden; in dieser kurzen Zeit bewegen sich die gebildeten Ionen noch so wenig von der Stelle ihrer Bildung weg, daß die Breite der Spuren immerhin unterhalb eines mm bleibt. Ungefähr 1/100 sec nach der Expansion setzt der Beleuchtungsfunken ein, der ungefähr 1/30 sec andauert. Die photographischen Aufnahmen wurden stets gleichzeitig mittels zweier Apparate aus verschiedenen Richtungen gemacht, so daß räumliche Modelle der Bahnspuren konstruiert werden konnten. Die benutzten magnetischen Felder mußten allerdings niedriger als bei den ANDERSONschen Aufnahmen gehalten werden; während sie bei diesen 15 000 Gauß betragen hatten[16], konnten BLACKETT und OCCHIALINI nicht über 2000 Gauß hinausgehen, was eine wesentlich schwächere Krümmung der Spuren zur Folge hatte.

Der große Fortschritt der neuen Methode äußerte sich in der viel größeren Zahl erhaltener Bahnspuren. ANDERSON erzielte nur unter je fünfzig Aufnahmen eine, die genug lange, für Messungen geeignete Bahnspuren aufwies. Bei BLACKETT und OCCHIALINI stieg die Zahl verwertbarer Photographien von 2 auf 80 Prozent. Dies hatte wieder zur Folge, daß BLACKETT außer den häufigeren Einzelspuren auch die seltener auftretenden Gruppen von Spuren photographieren konnte, die man seit einer Entdeckung von SKOBELZYN (1929) als Folgeerscheinung der kosmischen Strahlung kannte.

Etwa je eine unter 30 Photographieen zeigte bei BLACKETT und OCCHIALINI einen derartigen „Schauer“, dessen charakteristisches Merkmal die Divergenz einer größeren Zahl von Spuren von einem gemeinsamen Ursprung ist; dadurch ergibt sich auch für jedes Teilchen ohne weiteres der Richtungssinn seines Fluges. Die Abb. 4 zeigt als ein Beispiel einen derartigen, aus zwei verschiedenen Richtungen aufgenommenen Schauer von etwa 16 Teilchen. Die magnetische Feldstärke betrug 3100 Gauß. Aus der Richtung des Magnetfeldes ergab sich, daß abwärts gehende Teilchen (und solche sind, wie der gemeinsame Ursprung erkennen läßt, die abgebildeten) bei positiver Ladung nach rechts, bei negativer nach links abgelenkt werden. Die Kammer war mit Sauerstoff gefüllt mit einem Anfangsdruck von 1,7 atm; es wurde gewöhnlich eine Expansion von 1,3 benutzt. Die Photographien zeigen nun rechts zwei deutliche, nach der rechten Seite konkave Bahnspuren, die positiven Elektronen zugeschrieben werden müssen.

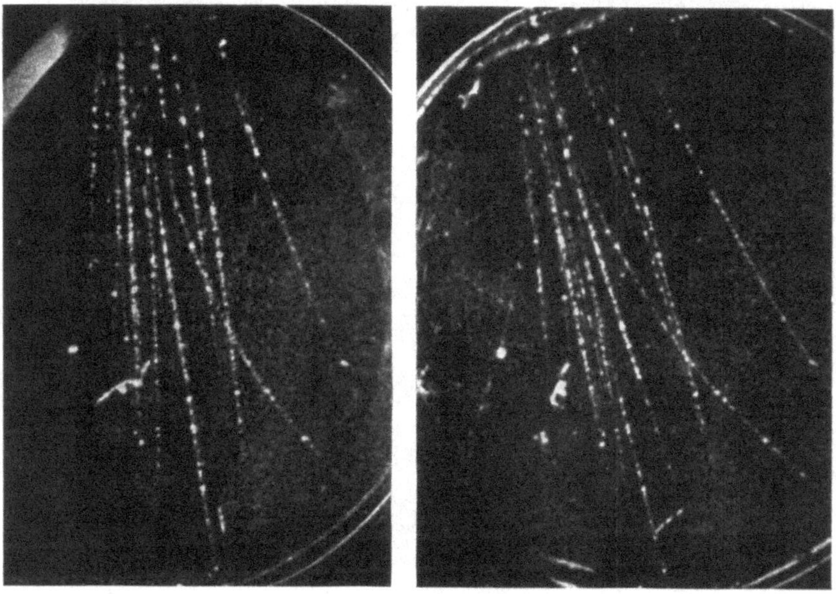

Abb. 4. Schauer von Positronen und Elektronen, hervorgerufen durch die kosmische Strahlung (nach BLACKETT aus Proceedings of the Royal Society, London).

Aus dem Grade der Krümmung folgt für ihre Energie 12 eMV, bzw. für die schwächer gekrümmte Spur 45 eMV.[17] Als ein anderes Beispiel zeigt Abb. 5 nach ANDERSON und NEDDERMEYER einen ebenfalls durch die kosmische Strahlung, und zwar aus der unteren Bleiplatte ausgelösten Schauer, der aus 7 Positronen und 15 Elektronen besteht.

BLACKETT und OCCHIALINI fanden bereits in den von ihnen photographierten Schauern zahlreiche Spuren, die mit Sicherheit positiven Elektronen zugeschrieben werden konnten, so daß deren tatsächliche Existenz damit außer Zweifel gestellt erschien. Naturgemäß mußte aber die Frage aufgeworfen werden, warum durch mehr als drei Jahrzehnte, in denen die Physik ein so ungeheures Material über negative Elektronen zu sammeln imstande gewesen war, sich das positive Elektron jeder Beobachtung hatte entziehen können. Auf diese Frage gab es nur eine einzige mögliche Antwort: daß nämlich — im Gegensatze zu den negativen Elektronen — die Positronen, zumindest im freien Zustand, nur eine eng begrenzte Lebensdauer haben.

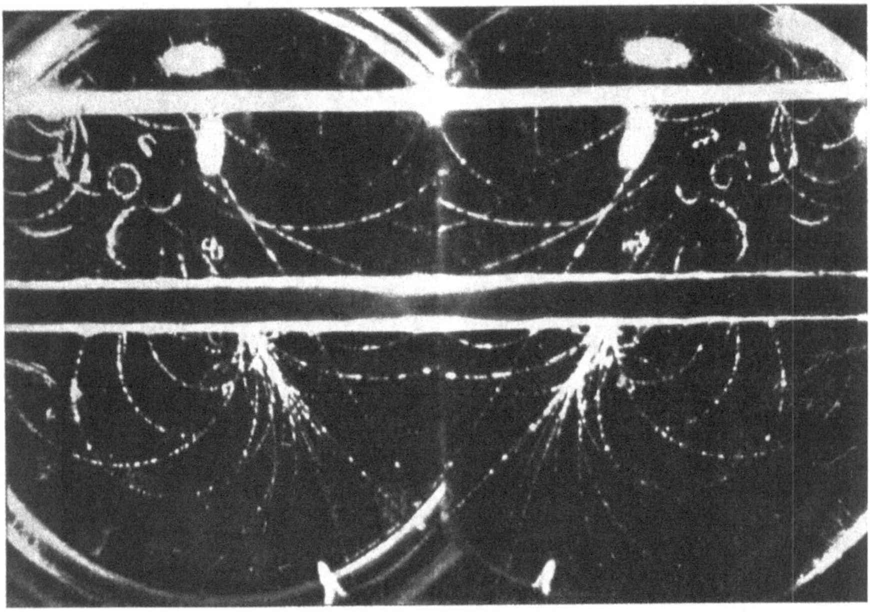

Abb. 5. Schauer von Positronen und Elektronen, durch die kosmische Strahlung erzeugt (nach ANDERSON aus Physical Review, vol. 45).

Eine solche Annahme deckt sich merkwürdigerweise aber auch mit Ergebnissen einer bedeutungsvollen Theorie des Elektrons, die einige Jahre vor der Entdeckung des Positrons von DIRAC geschaffen worden war.

DIRACs Überlegung, die hier nur kurz gestreift werden kann[18], ging davon aus, daß im Sinne der Quantentheorie ein Elektron unter gegebenen Verhältnissen nur ganz bestimmte, aber sowohl positive als auch negative Werte der Energie annehmen kann. Die negativen Energiewerte waren stets für physikalisch sinnlos gehalten und daher vernachlässigt worden. DIRAC wies nun zuerst darauf hin, daß vom Standpunkte der neueren Quantentheorie, der sogenannten Quantenmechanik[19], diese Vernachlässigung unzulässig sei, weil Übergänge zwischen sämtlichen quantentheoretisch ausgezeichneten Zuständen („Stufen") in Betracht gezogen werden müßten. Er stellte darum die Hypothese auf, daß, von Ausnahmen abgesehen, auch die negativen Energiestufen mit Elektronen voll besetzt seien, und zwar mit je einem Elektron; denn ein in der Quantenmechanik wohl bekanntes, von PAULI aufgefundenes und nach ihm benanntes Prinzip läßt es nicht zu, daß eine Energiestufe mehr als einfach besetzt sei. Andererseits strebt auf Grund eines allgemeinen energetischen Prinzips jedes Elektron nach einem Zustand tiefster Energie (die negativen Stufen sind tiefer als die positiven). Wenn daher die Stufen negativer Energie voll besetzt sind, so ist im allgemeinen auch ein Übergang eines Elektrons aus dem positiven in den negativen Energiebereich ausgeschlossen.

Nach dieser Auffassung wären nur die Elektronen mit positiver Energie[20] wahrnehmbar, weil im positiven Bereich genug Stufen frei sind, so daß sich mit den Elektronen positiver Energie etwas „ereignen" kann. Diejenigen Elektronen hingegen, die die Stufen des negativen Energiebereiches ausfüllen, entziehen sich der Beobachtung, weil mit ihnen nichts geschieht. Nur ausnahmsweise erfolgt ein Übergang aus einem besetzten Zustand negativer Energie in den positiven Energiebereich. Dann wird eine Stufe des negativen Energiebereiches unbesetzt, und es entsteht ein „Loch". Aus den von ihm 1928 aufgestellten Gleichungen des Elektrons und insbesondere aus den Symmetrieeigenschaften dieser Gleichungen[21] zog nun DIRAC den überraschenden Schluß, daß sich das entstandene Loch in einem elektromagnetischen Felde so verhalten muß wie ein Teilchen, das eine positive Ladung von der Größe des elektrischen Elementarquantums (also Elektronenladung mit entgegengesetztem Vorzeichen) trägt. Freilich kann das Loch als solches nicht lange bestehen. Denn die Gesamtheit aller Elektronen strebt nach Stellen tiefster Energie und sucht darum die vorhandene Lücke wieder auszufüllen. Wenn derart ein Elektron positiver Energie in das vorhandene Loch springt, bringt es dadurch das Loch zum Verschwinden, und es vernichtet also, indem es zugleich seine eigene Wahrnehmbarkeit auslöscht, ein Teilchen positiver Ladung. So erscheint das positive Gegenstück des Elektrons, weil es durch ein temporäres Loch dargestellt wird, in der DIRACschen Theorie als vergänglich und im Zustande freier Bewegung nur einer vorübergehenden Existenz fähig.

DIRAC dachte ursprünglich an Protonen als Repräsentanten der Löcher; dies bedeutete allerdings (vom Standpunkte der „Symmetrie") eine ziemliche Schwierigkeit für die Theorie, weil ja Protonen und negative Elektronen verschiedene Masse besitzen. Durch die früher besprochene ANDERSONsche Entdeckung des positiven Elektrons wurde aber diese Schwierigkeit überwunden.

Durch die Entdeckung der Positronen gewann nun auch das früher besprochene Problem der Materialisation des Lichtes ein ganz verändertes Aussehen. Der Mindestaufwand an Energie, der zur Erzeugung von Materie erforderlich ist, ergab sich jetzt viel geringer, als er früher hatte angenommen werden müssen; er reduzierte sich von dem rund 2000-fachen auf das Doppelte der Eigenenergie eines Elektrons, entsprechend der Produktion eines Elektronenpaars, nämlich der gleichzeitigen Erzeugung eines negativen Elektrons und eines Positrons. Statt einer Milliarde Elektron-Volt erschien somit eine Million Elektron-Volt (genauer 1,02 eMV) nun als ausreichend, so daß bei Versuchen mit den Strahlungen von Thorium C'' und von Beryllium ein Erfolg erwartet werden durfte.

In der Tat gelang es im Sommer 1933 ANDERSON und NEDDERMEYER in Pasadena, LISE MEITNER und PHILIPP in Berlin-Dahlem und IRÈNE CURIE und JOLIOT in Paris, durch γ-Strahlung künstlich Positronen hervorzurufen. Sie brachten in eine WILSON-Kammer eine Metallfolie und vermochten zu zeigen, daß aus dem Metall unter der Einwirkung sehr harter γ-Strahlen Elektronen austreten, die im Magnetfeld in dem Sinne einer positiven Ladung gekrümmt erscheinen. Die Versuche gelangen aber nur mit γ-Strahlen, deren Lichtquantenenergie 1 Million Elektron-Volt überschritt. Als wirksame Strahlenquellen erwiesen sich nur die Kombination Polonium + Beryllium und ferner Thorium C'', und überdies bei Versuchen von GRINBERG ein Präparat von Radium B

+ Radium C, das eine Strahlung von 1 bis 1,8 eMV emittiert. Wurde als Strahlenquelle nur Polonium als solches verwendet, das Lichtquanten von 850 ekV aussendet, so blieb der Effekt aus, wie es auf Grund des früher besprochenen Satzes von der Erhaltung der Elektrizität nicht anders erwartet werden konnte.

Die Beryllium-Strahlung setzt sich, wie wir später sehen werden, aus einer γ-artigen Strahlung und überdies aus einer korpuskularen (nämlich Neutronen) zusammen. Daß den eben beschriebenen Effekt aber nur die γ-Strahlen hervorbringen, bewiesen IRÈNE CURIE und JOLIOT, indem sie zwischen das bestrahlte Beryllium und die die Positronen aussendende Metallfolie noch eine Bleiplatte von 2 cm Dicke einschoben. Es war nämlich anderweitig bekannt, daß die γ-Strahlung bei dem Durchsetzen einer solchen Platte auf die Hälfte verringert wird, während die korpuskulare Strahlung des Berylliums dabei nicht merklich absorbiert wird. Bei Einschaltung der Platte sank aber nun in der Tat die Zahl der ausgeschleuderten Positronen auf die Hälfte.

Im übrigen hängt die Zahl der von der Metallfolie emittierten Positronen von der Natur des Metalls ab; je schwerer dieses hinsichtlich des Atomgewichtes ist, desto größer ist die Zahl. Vergleicht man die Zahl der Positronen mit der Zahl der ausgesandten negativen Elektronen (die großenteils durch den sogenannten lichtelektrischen Effekt ausgelöst werden), so beträgt unter der Einwirkung von Be-Strahlung dieses Verhältnis bei Aluminium nur 3 : 100, bei Kupfer 17 : 100, bei Blei 35 : 100 und bei Uran 40 : 100. Bei der schwächeren Strahlung des Thorium C'' ist auch die Zahl der fortgeschleuderten Positronen wesentlich geringer und beträgt selbst bei Blei nur etwa 8 für je 100 ausgesandte negative Elektronen.

Daß es sich bei der Emission der Positronen tatsächlich um eine Materialisation von Licht handelt, wird am besten durch solche Photographien erwiesen, die es zeigen, wie ein Elektronenpaar von einem gemeinsamen Ursprung in dem bestrahlten Metall ausgeht; dabei legen die beiden „Zwillinge“ im Magnetfeld bei der Aufnahme entgegengesetzt gekrümmte Bahnspuren zurück (vgl. die von CURIE und JOLIOT herrührende Abb. 6, die eine Aufnahme in Argon-Gas wiedergibt).

Da zu der Erzeugung eines Elektronenpaares nach dem

früher Gesagten ein Energieaufwand von 1 Million Elektron-Volt erforderlich ist, so muß somit der Überschuß, den die Energie eines γ-Lichtquants über diese Million hat, in kinetischer Energie des erzeugten Elektronenpaars zum Vorschein kommen. Die maximale Bewegungsenergie, die beispielsweise bei der Thorium-C''-Strahlung ein Positron erlangen kann, würde sich danach zu 2,6 weniger 1, also zu 1,6 eMV ergeben; diese Grenze würde dem Sonderfalle entsprechen,

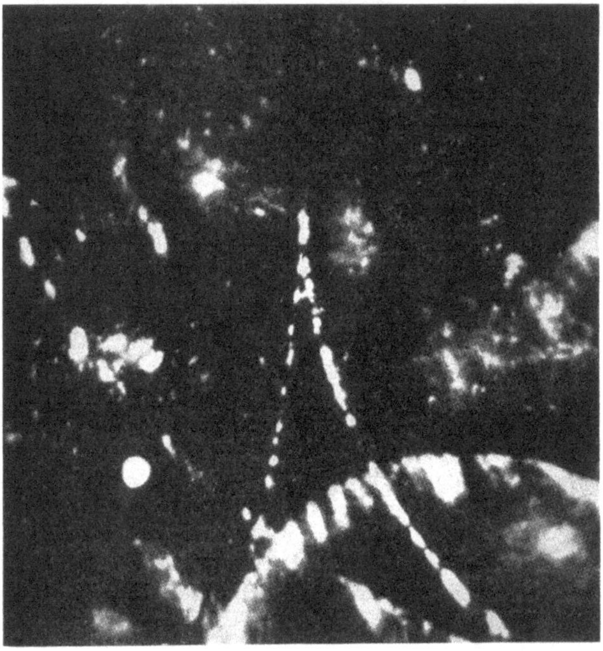

Abb. 6. Erzeugung eines Elektronenpaars durch ein Lichtquant in Argon nach I. CURIE und F. JOLIOT (Journal de Physique, [7], vol. 4).

daß die Bewegungsenergie ausschließlich dem positiven Zwilling zugute kommt, während auf den negativen nichts hievon entfällt. Beobachtungen von ANDERSON und NEDDERMEYER sowie von MEITNER und PHILIPP haben in der Tat gezeigt, daß die Energie der erzeugten Positronen kontinuierlich mit einer oberen Grenze bei 1,6 eMV verteilt ist. Diese Wahrnehmung bestätigt sowohl das Prinzip der Eigenenergie als auch die Annahme, daß sich die Masse eines Positrons mit derjenigen eines negativen Elektrons deckt.

Außer dem Satze von der Erhaltung der Energie ist für den Vorgang der Materialisation auch der Satz von der Erhaltung des Impulses maßgebend. Unter dem Impuls oder der Bewegungsgröße versteht man bei materiellen Körpern bekanntlich das Produkt aus Masse und Geschwindigkeit, wobei dieses Produkt als eine gerichtete Größe aufzufassen ist, deren Richtung sich mit derjenigen der Geschwindigkeit deckt. Verschiedene physikalische Phänomene, vor allem Zusammenstöße zwischen Lichtquanten und Elektronen (sogenannter COMPTON-Effekt) lassen nun erkennen, daß auch den Lichtquanten ein Impuls zugeschrieben werden muß, der die Richtung der Lichtfortpflanzung hat und in seinem Betrage gleich ist der durch die Lichtgeschwindigkeit dividierten Energie des Lichtquants.[22] Im Falle der Umwandlung eines Lichtquants in Materie muß der Impuls des Quants erhalten bleiben; d. h. wenn man die Bewegungsgrößen der entstandenen Materieteilchen geometrisch addiert (also nach dem bekannten Parallelogrammprinzip[23]) und hierzu noch die nach der Materialisation vorhandenen Impulse sonst an dem Vorgang beteiligter Objekte geometrisch hinzufügt, so muß die so erhaltene Summe sich mit dem Impuls des Lichtquants nach Größe und Richtung decken. Es läßt sich nun durch theoretische Überlegungen zeigen, daß dies nie der Fall sein kann, wenn an dem Vorgang nur das Lichtquant und bloß zwei Materieteilchen (nämlich das erzeugte Elektronenpaar) beteiligt sind. Der Impuls kann nur dann bei gleichzeitiger Wahrung der Erhaltung der Energie erhalten bleiben, wenn überdies noch ein bereits vorhandenes Materieteilchen an dem Vorgang beteiligt ist und durch einen empfangenen Rückstoß die Impulsbilanz ermöglicht. So erklärt es sich, daß die Materialisation eines Lichtquants seinen vorherigen Zusammenstoß mit Materie zur Voraussetzung hat, daß sich also, allgemein ausgedrückt, Licht nur dann in Materie verwandeln kann, wenn es auf Materie auftrifft.

Für die genauere theoretische Untersuchung der Materialisationsvorgänge muß, was zu erwähnen nicht überflüssig sein mag, auch die von der Relativitätstheorie geforderte Veränderlichkeit der Masse berücksichtigt werden. Nach der relativistischen Formel, die durch Messungen an β-Strahlen gut bestätigt wurde[24], muß z. B. bei einer Geschwindigkeit vom halben Werte der Lichtgeschwindigkeit die Masse bereits um 15% größer als bei langsamen Bewegungen sein, und bei einer Schnelligkeit von 99,8% der Lichtgeschwindigkeit muß die Masse gar auf das 16fache der normalen steigen.

Analoge Gesetzmäßigkeiten wie für die Umwandlung eines Lichtquants in Materie sind auch für den umgekehrten Vorgang der sogenannten Dematerialisation zu erwarten. Wenn ein Positron infolge seiner geringen Lebensfähigkeit verschwindet, so muß es nach dem Satze von der Erhaltung der Elektrizität dabei ebenso wie bei der Entstehung von einem negativen Elektron als Partner begleitet sein. Es wird also bei einem solchen Vorgang Eigenenergie im Betrage von einer Million Elektron-Volt frei. Andererseits erfordert es der Satz von der Erhaltung des Impulses, daß bei dem Verschwinden eines Elektronenpaares im allgemeinen je zwei Lichtquanten forteilen. Die durch die „Zerstrahlung" von Materie hervorgerufene γ-Strahlung müßte also im allgemeinen 500 kV entsprechen, und die Zahl der durch die Dematerialisation erzeugten Lichtquanten müßte doppelt so groß wie die Zahl der verschwundenen Positronen sein.

Diese beiden Folgerungen aus der Theorie erscheinen in der Tat durch mehrfache Experimente bestätigt. Zunächst stellten GRAY und TARRANT fest, daß Blei, das mit γ-Strahlen des Thorium C'' bestrahlt wird, in allen Richtungen Lichtquanten (Photonen) von 500 und 1000 ekV aussendet; letztere sind offenbar auf diejenigen Fälle zurückzuführen, in denen sich die Eigenenergie eines Materiezwillingspaares in ein einziges Photon verwandelt und die Erhaltung des Impulses dadurch gewahrt wird, daß ein getroffenes Atom einen Rückstoß erfährt.

Eine noch bessere Bestätigung lieferten Versuche von JOLIOT, der eine sehr ergiebige Positronenquelle dadurch herstellte, daß er Polonium auf Aluminium niederschlug und mit Aluminium bedeckte. Die von dem Polonium ausgehenden α-Strahlen zertrümmern nämlich Atome von Aluminium, wobei (wovon später noch eingehender die Rede sein wird) Positronen frei werden. JOLIOT brachte dann ein derartiges Präparat zwischen die Pole eines starken Magneten und erreichte es durch die magnetische Ablenkung und eine besondere Anordnung, die auf THIBAUD zurückgeht, daß er Positronen ohne begleitende negative Elektronen an eine gewünschte Stelle gelangen lassen konnte. Ein Präparat von nur 20 Millicurie[25] liefert bereits soviel Positronen, daß bei jeder Expansion einer WILSON-Kammer ungefähr je ein Positron beobachtet werden konnte.

Als nun JOLIOT mit dieser Positronenquelle Metalle bombardierte, stellte er nicht nur das Auftreten von Photonen fest, deren Energie sich auf Grund ihres Durchdringungsvermögens recht genau zu 500 ekV ergab, sondern er fand auch durch messende Vergleiche zwischen der Zahl der erzeugten Photonen und der Zahl der auftreffenden Positronen für das Verhältnis beider Zahlen mit großer Annäherung den Wert 2. THIBAUD hat ferner, indem er Platin mit Positronen bombardierte, gezeigt, daß die Strahlung von 500 kV, die durch die Positronen ausgelöst wird, wenigstens 40mal so intensiv ist wie die Röntgenstrahlung, die dann hervorgerufen wird, wenn im Experimente die Positronen durch negative Elektronen ersetzt werden. Es erscheint somit zweifelsfrei, daß die beobachtete Strahlung tatsächlich von der Dematerialisation der Positronen herrührt.

Zweiter Vortrag.

Die Grundstoffarten.

Der erste Fall, in dem die Physiker die Umwandlung eines Grundstoffs in ein anderes chemisches Element beobachten konnten, war die Bildung der gasförmigen Emanation aus Thorium. Dieser Vorgang wurde bereits 1900 von RUTHERFORD entdeckt, und bald darauf wurde auch die Entstehung von Emanation aus Radium festgestellt[1]; daß die Emanation ein Grundstoff ist, ging daraus hervor, daß sie ein charakteristisches Linienspektrum aufweist. Wenige Jahre nach der Entdeckung der Emanation fanden RAMSAY und SODDY, daß sich aus Radium Helium bildet; damit beobachteten sie zum ersten Male die Entstehung eines bereits von früher her den Chemikern bekannt gewesenen Elementes aus einem anderen, ebenfalls bekannten Grundstoff. Spätere genaue Messungen ergaben, daß ein Gramm Radium in einem Jahre 167 ccm Helium erzeugt, die ein Gewicht von 0,0298 mg darstellen.

Durch diese Beobachtungen war wohl das tatsächliche Vorkommen von Grundstoffumwandlungen außer Frage gestellt. Ein tieferes Verständnis derartiger Vorgänge erschien jedoch erst möglich, seit es gelang, den Grundstoffen ganz bestimmte, sie kennzeichnende „Ordnungszahlen" zuzuschreiben; seit ferner festgestellt wurde, daß verschiedene Arten eines und desselben Grundstoffs möglich sind, und seit schließlich die Physiker die Existenz der Atomkerne erkannten.

Die Ermittlung der Ordnungszahlen der Grundstoffe war das große Verdienst des jung verstorbenen englischen Physikers MOSELEY und hängt auf das engste mit der Begründung der Röntgenspektroskopie durch diesen Forscher zusammen.

Wie MOSELEY fand, treten in den Röntgenspektren der Elemente Linienserien auf, die für die verschiedenen Grundstoffe gleichen Typus, aber verschiedene Wellenlänge aufweisen. MOSELEY machte nun die wichtige Feststellung, daß sich die chemischen Elemente mit fortschreitender Numerierung derart in eine Reihe ordnen lassen, daß sich innerhalb dieser Reihe die Linien mit größter Exaktheit von Element zu Element verschieben. Jede etwaige Lücke offenbart sich sogleich durch einen zu großen

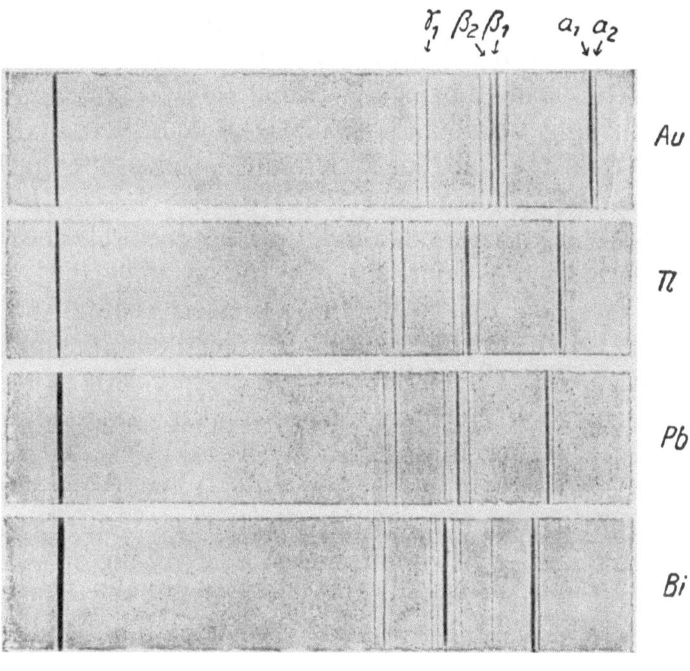

Abb. 7. L-Serie benachbarter Grundstoffe nach SIEGBAHN.

Sprung. Abb. 7 stellt beispielsweise nach einer späteren Aufnahme von SIEGBAHN die sogenannte L-Röntgen-Serie[2] für die benachbarten Elemente Gold, Thallium, Blei und Wismut dar und zeigt deutlich zwischen Gold und Thallium eine Lücke, die, wie man anderweitig erkannte, dem Quecksilber zukommt.

Im wesentlichen stimmt die auf Grund der Röntgenspektrogramme gebildete MOSELEYsche oder natürliche Grundstoffreihe mit einer nach steigendem Atomgewicht gebildeten Reihe überein; doch ist der Gang der Atomgewichtszahlen ein ziemlich unregelmäßiger, im Gegensatz zu der außerordentlichen Genauigkeit, mit der die natürliche Grundstoffreihe gebildet werden kann. Immerhin konnten aber auf Grund der bekannten Atomgewichte die Lücken der MOSELEYschen Reihe ergänzt werden, woferne sie solche Elemente betrafen, von denen röntgenspektroskopische Aufnahmen nicht vorlagen. Die natürliche Reihe, die sich so ergab, umfaßte 92 Plätze, beginnend mit Wasserstoff an erster und endend mit Uran an letzter Stelle.

Die MOSELEYsche Entdeckung bot nun auch die Möglichkeit, das sogenannte periodische System der Elemente in eine exakte Form zu bringen. Schon 1869 hatten gleichzeitig, doch unabhängig voneinander, LOTHAR MEYER und MENDELEJEFF festgestellt, daß sich die Grundstoffe nach steigendem Atomgewicht in eine Reihe ordnen lassen, innerhalb deren charakteristische chemische und physikalische Eigenschaften periodisch wiederkehren. Indem man die Perioden untereinander schrieb, war infolgedessen eine Anordnung möglich, bei der in den einzelnen Vertikalreihen einander ähnliche Elemente verzeichnet waren. Erst MOSELEYs Entdeckung ermöglichte jedoch eine exakte Darstellung des periodischen Systems, indem nun die Anzahl der Plätze in den einzelnen Perioden und damit auch die Längen der Perioden genau bekannt wurden. In diesen offenbart sich eine fundamentale Gesetzmäßigkeit arithmetischer Art; denn die erste Periode umfaßt 2 Stellen, die zweite und dritte je 8, die vierte und fünfte je 18 und die sechste 32 Stellen. Die genannten Zahlen sind aber auch in der Form darstellbar 2×1^2, 2×2^2, 2×3^2, 2×4^2. In der Tat hat PAULI auf Grund seines schon erwähnten quantentheoretischen Prinzips eine Begründung dieser Gesetzmäßigkeit geben können.[3] Gegenwärtig weist die natürliche Reihe noch drei Lücken auf, nämlich an 61., 85. und 87. Stelle, da auch die seinerzeitige angebliche Entdeckung des 61. Elementes (des „Illiniums") wieder recht fraglich geworden ist.[4] Als letztes Glied der Grundstoffreihe erscheint das 92. Element, das Uran.

Tabelle I stellt das periodische System nach dem gegenwärtigen Stande unserer Kenntnisse dar. Die Grundstoffe sind in acht Vertikalreihen mit je zwei Untergruppen angeordnet.

Tabelle I.

Das periodische System der Grundstoffe.

	I a	I b	II a	II b	III a	III b	IV a	IV b	V a	V b	VI a	VI b	VII a	VII b	VIII a	VIII b
1	1 H															2 He
2	3 Li		4 Be			5 B		6 C		7 N		8 O		9 F		10 Ne
3	11 Na		12 Mg			13 Al		14 Si		15 P		16 S		17 Cl		18 Ar
4	19 K	29 Cu	20 Ca	30 Zn	21 Sc	31 Ga	22 Ti	32 Ge	23 V	33 As	24 Cr	34 Se	25 Mn	35 Br	26 Fe 27 Co 28 Ni	36 Kr
5	37 Rb	47 Ag	38 Sr	48 Cd	39 Y	49 In	40 Zr	50 Sn	41 Nb	51 Sb	42 Mo	52 Te	43 Ms	53 J	44 Ru 45 Rh 46 Pd	54 X
6	55 Cs	79 Au	56 Ba	80 Hg	57—71 seltene Erden	81 Tl	72 Hf	82 Pb	73 Ta	83 Bi	74 W	84 Po	75 Re	85	76 Os 77 Ir 78 Pt	86 Em
7	87		88 Ra		89 Ac		90 Th		91 Pa		92 U					

In der vierten, fünften und sechsten Periode weist die VIII a-Reihe je eine „Triade“ auf, und in der sechsten Periode vereinigt die Stelle der IIIa-Reihe die Gruppe von 15 seltenen Erden.

Während die Grundstoffe als solche durch ihre chemischen Ordnungszahlen, also durch je eine der Zahlen 1 bis 92, gekennzeichnet erscheinen, lassen sich die verschiedenen Arten eines bestimmten Grundstoffs untereinander durch charakteristische Massenzahlen unterscheiden. Man versteht unter diesen die auf ganze Zahlen abgerundeten Atomgewichte der einzelnen Arten und bezeichnet diese selbst als die Isotopen des betreffenden Grundstoffs.[5]

Die Erforschung der Isotopie nahm ihren Ausgang von Untersuchungen auf dem Gebiete der Radioaktivität. Es fiel schon früh den Physikern auf, daß es Stoffe gibt, die ein ganz verschiedenes radioaktives Verhalten an den Tag legen, auch verschiedenen radioaktiven Familien angehören, die aber dennoch in physikalischer und chemischer Hinsicht derart praktisch identisch sind, daß ihre Spektren untereinander übereinstimmen und daß sie, woferne sie einmal miteinander vermengt wurden, durch keinerlei Mittel mehr voneinander getrennt werden können. Thorium und Ionium (die Muttersubstanz des Radiums) bilden ein typisches Beispiel eines derartigen Paares. Auf solche Erkenntnisse auf dem Gebiete der Radioaktivität gründete im Jahre 1910 SODDY die Vermutung, daß auch die nicht radioaktiven Elemente Gemische mehrerer chemisch nicht trennbarer Arten darstellen. SODDY wies auch bereits darauf hin, daß durch diese Annahme die von den Theoretikern als sehr störend empfundenen Abweichungen der Atomgewichte von ganzen Zahlen ihre Aufklärung finden könnten.

Daß viele und gerade die häufigsten Grundstoffe, wie z. B. Kohlenstoff, Stickstoff, Schwefel fast genau ganzzahlige Atomgewichte (namentlich falls sie auf Sauerstoff bezogen werden) aufweisen, war natürlich den Chemikern schon im Beginn des 19. Jahrhunderts aufgefallen, und diese Tatsache bildete zunächst eine wichtige Stütze für eine von PROUT aufgestellte Hypothese, wonach die Atome aller chemischen Elemente aus Atomen des Wasserstoffs als des leichtesten Grundstoffs aufgebaut sein sollten. Als indessen später immer mehr Atomgewichte bekannt wurden, fielen den Chemikern auch merkliche Abweichungen von der Ganzzahligkeit auf. Besonders eindrucksvoll war diese Abweichung bei Chlor, dessen Atomgewicht zu $35^1/_2$ ermittelt wurde. Durch SODDYs Hypothese eröffnete sich nun ein Ausweg aus diesen Schwierigkeiten. Wenn nämlich in Wirklichkeit die sogenannten Grundstoffe Mischelemente sind, kommt dem praktischen Atomgewicht nur die Bedeutung eines Durchschnittsgewichtes zu. Die Konstanz dieses Mischgewichtes kann aber leicht dadurch erklärt werden, daß ein einmal, z. B. zur Zeit des gasförmigen Zustandes der Erde, hergestelltes Mischungsverhältnis infolge der Untrennbarkeit der miteinander vermengten isotopen Atome dauernd bestehen bleibt.

SODDYs Vermutung fand bereits im Jahre 1913 eine glänzende Bestätigung durch den von J. J. THOMSON experimentell erbrachten Nachweis, daß das Edelgas Neon, dessen praktisches Atomgewicht 20,2 beträgt, aus zwei verschiedenen Atomarten von den Atomgewichten 20,0 und 22,0 zusammengesetzt ist. THOMSON bediente sich zu diesem Nachweis der sogenannten positiven Strahlen, die in Entladungsröhren bei starker Verdünnung neben den Kathodenstrahlen auftreten und die aus positiv geladenen Atomen des in der Röhre enthaltenen Gases bestehen. Sie gehen sowohl als Anodenstrahlen von der Anode aus, als auch als sogenannte Kanalstrahlen von der Kathode, jedoch in entgegengesetztem Sinne wie die Kathodenstrahlen; Voraussetzung hierfür ist allerdings, daß man die Kathode, um den Austritt der Strahlen zu ermöglichen, in der Form kleiner Kanäle durchlöchert[6]. In einem elektrischen oder magnetischen Felde werden die Teilchen der positiven Strahlen abgelenkt, wobei der Grad der Ablenkung von der Masse und überdies auch der Geschwindigkeit abhängt. Durch geeignete Kombination eines elektrischen und eines magnetischen Feldes ergab sich derart für THOMSON die Möglichkeit, Strahlen von verschiedener Masse zu trennen und gesonderte photographische Spuren der Isotopen zu erhalten.

Die eigentliche Erforschung der Isotopen begann indessen erst, als im Jahre 1919 ASTON die THOMSONsche Strahlenanalyse zur Massenspektroskopie ausgestaltete. In ASTONs Apparat werden das elektrische und das magnetische Feld so kombiniert, daß die durch sie hervorgebrachten Ablenkungen einander gerade entgegengesetzt sind. Ein sehr dünnes, ausgeblendetes Strahlenbündel wird zunächst durch das elektrische Feld zu einem „Energiespektrum" verbreitert und nur ein kleiner Teil dieses verbreiterten Bündels sodann seitens des magnetischen Feldes durchgelassen. Aus der Theorie läßt sich leicht ableiten, daß bei der von ASTON getroffenen Versuchsanordnung alle Teilchen von gleicher Masse auf einer photographischen Platte entlang einer geraden Linie auftreffen, die sich derart auf der Platte scharf abbildet.

Ein neuerer, von BAINBRIDGE konstruierter Massenspektrograph, der sich besonders bewährt hat und sich vor allem zur genauen Bestimmung der Isotopengewichte eignet, ist in seinem Prinzip wesentlich einfacher als der ASTONsche und sei darum kurz beschrieben. Wie die schematische Darstellung in Abb. 8 zeigt, passiert ein vorher durch zwei enge Spalte S_1 und S_2 abgeblendetes Bündel positiver Strahlen zunächst einen als Geschwindigkeitsfilter dienenden elektrischen Kondensator (P_1P_2); die Ionen, die den Filter bei dem dritten Spalt S_3, noch ohne merkliche Ablenkung durch das Feld, verlassen, haben durchwegs eine Geschwindigkeit, die zwischen engen Grenzen liegt. Von dem Spalt S_3 gelangen die Ionen in ein gleichförmiges Magnetfeld und treffen nach Beschreibung eines Halbkreises auf eine photographische Platte. Der Radius dieses Halbkreises ist nach der Theorie gleich dem Produkte aus Masse und Geschwindigkeit, gebrochen durch das Produkt aus der Ionenladung und der magnetischen Feldstärke und ist somit infolge der Wirkung des Geschwindigkeitsfilters und der Homogenität des Magnetfeldes genau umgekehrt proportional zur Masse. So konnte in günstigen Fällen BAINBRIDGE eine Messungsgenauigkeit von 1 : 100 000 bei seinen Massenbestimmungen erzielen.

Bei anderen Massenspektrographen, z. B. einem von SMYTHE und einem von MATTAUCH konstruierten, wird zur Geschwindigkeitsfilterung ein hochfrequentes elektrisches Wechselfeld benutzt; ein geladenes Teilchen verläßt nämlich ein elektrisches Wechselfeld, dessen Kraftlinien überall senkrecht zu einer bestimmten Richtung verlaufen, nur dann in dieser Richtung, wenn die Geschwindigkeit in einer bestimmten

Beziehung zu der Periodizität des Wechselfeldes steht. Das Magnetfeld, dessen Konstanterhaltung große technische Schwierigkeiten verursacht, ist bei diesem Spektrographen ganz vermieden.

Die Aufgaben der Massenspektroskopie sind von zweierlei Art. Das eine Ziel besteht in der Feststellung der Isotopen eines Grundstoffs und sodann in der Messung ihrer r e l a t i v e n

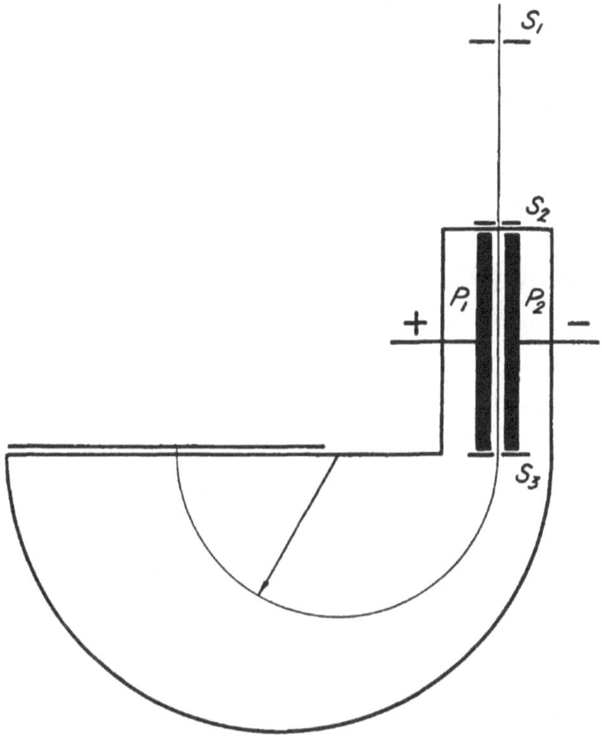

Abb. 8. Schematische Darstellung des Massenspektrographen von BAINBRIDGE.

H ä u f i g k e i t innerhalb des Mischelementes; das andere Ziel ist die genaue Messung der I s o t o p e n g e w i c h t e. Die Zahl der derzeit bekannten stabilen Isotopen beläuft sich auf rund 250, und die Entdeckung der meisten unter ihnen ist den seit 1919 fortgesetzten Forschungen ASTONs zu danken, von dem auch ein sehr großer Teil der Bestimmungen der relativen Häufigkeit stammt[7]. Eine Übersicht über die bisher bekannten stabilen Grundstoffarten bietet Tabelle II; bei den Isotopen mit größerer relativer Häufigkeit ist diese eingeklammert angegeben.

Wie aus der Tabelle ersichtlich ist, sind von den 89 bekannten Grundstoffen bisher (Anfang 1935) bereits alle bis auf zehn massenspektroskopisch untersucht; die Ausnahmen betreffen das zu seltene, erst 1925 entdeckte Masurium (Nr. 43), die seltenen Radioelemente Polonium (Nr. 84), Emanation (Nr. 86), Radium (Nr. 88), Actinium (Nr. 89) und Protactinium (Nr. 91) sowie vier Elemente, bei denen die Herstellung dampfförmiger Verbindungen bisher nicht gelungen ist, nämlich Palladium (Nr. 46), Iridium (Nr. 77), Platin (Nr. 78) und Gold (Nr. 79).

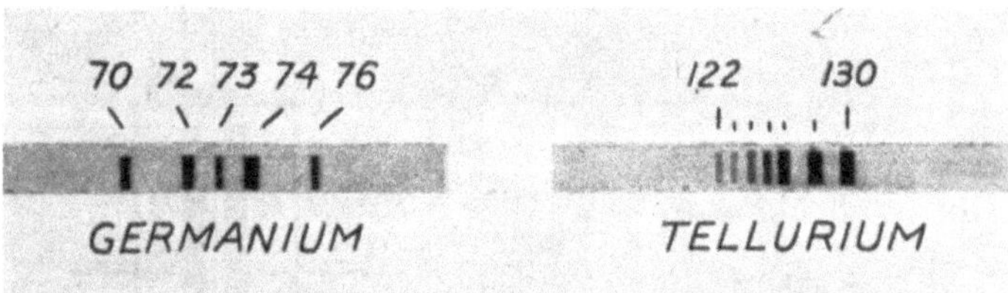

Abb. 9. Massenspektren von Germanium und Tellur nach BAINBRIDGE (Aus Journal of the FRANKLIN-Institute, vol. 215).

Hinsichtlich der Isotopie besteht, wie die Tabelle II deutlich erkennen läßt, ein wesentlicher Unterschied zwischen den Elementen mit ungerader und denjenigen mit gerader Ordnungszahl. Die ungeraden Elemente enthalten, wenn man von Wasserstoff an erster Stelle absieht, entweder zwei Isotope oder sind sie einfach (sogenannte Reinelemente). Die Massenzahlen sind dabei, wenn man die sehr leichten Elemente Lithium und Bor nicht berücksichtigt, stets ebenfalls ungerade und im Falle von zwei Isotopen untereinander um zwei verschieden. Bei den Elementen mit gerader Ordnungszahl kommen hingegen oft zahlreiche Isotope vor, bei Zinn z. B. nicht weniger als elf. Abb. 9 zeigt als Beispiele isotopenreicher Massenspektren nach BAINBRIDGE diejenigen von Germanium und Tellur[8].

Ordnet man die Grundstoffarten statt nach der chemischen Ordnungszahl nach der Massenzahl, so findet man bis 100 alle Plätze bis auf zwei besetzt, die den Massen 5 und 57 entsprechen. Isobarie, nämlich Gleichheit der Masse bei verschiedenem chemischen Charakter, tritt zum ersten Male

Tabelle II.

Die stabilen Grundstoffarten (nach dem Stande der Isotopenforschung von Anfang 1935)

(Wegen näherer Einzelheiten vgl. die Tabelle von J. MATTAUCH, Physikal. Zeitschr., **35**, 1934, S. 609 ff.)

Ordnungszahl u. Element	Zahl d. bekannten stab. Isotope	Massenzahlen der Isotopen; in Klammern bei den häufigeren oder wichtigeren die relative Häufigkeit in Prozenten.
1 Wasserstoff	3	1 (99, 98%), 2 (0,02%), 3(10^{-7}%)
2 Helium	2	3, 4 (100%)
3 Lithium	2	6 (8,3%), 7(91,7%)
4 Beryllium	2(?)	8? (0,05%), 9 (99,95%)
5 Bor	2	10 (20%), 11 (80%)
6 Kohlenstoff	2	12 (98,92%), 13 (1,08%)
7 Stickstoff	2	14 (99,62%), 15 (0,38%)
8 Sauerstoff	3	16 (99,76%), 17 (0,04%), 18 (0,20%)
9 Fluor	1	19 (100%)
10 Neon	3	20 (90,00%), 21 (0,27%), 22 (9,73%)
11 Natrium	1	23 (100%)
12 Magnesium	3	24 (77,4%), 25 (11,5%), 26 (11,1%)
13 Aluminium	1	27 (100%)
14 Silicium	3	28 (89,6%), 29 (6,2%), 30 (4,2%)
15 Phosphor	1	31 (100%)
16 Schwefel	3	32 (96%), 33 (1%), 34 (3%)
17 Chlor	2	35 (76%), 37 (24%)
18 Argon	3	36 (0,33%), 38 (0,05%), 40 (99, 62%)
19 Kalium	2	39 (94,7%), 41 (5,3%)
20 Calcium	4	40 (97%), 42, 43, 44
21 Scandium	1	45
22 Titan	5	46, 47, 48 (häufig), 49, 50
23 Vanadium	1	51 (100%)
24 Chrom	4	50, 52 (81,6%), 53 (10,4%), 54
25 Mangan	1	55 (100%)
26 Eisen	2	54 (5%), 56 (95%)
27 Kobalt	1	59 (100%)
28 Nickel	4	58 (65%), 60 (35%), 61, 62
29 Kupfer	2	63 (68%), 65 (32%)
30 Zink	5	64 (50,4%), 66 (27,2%), 67, 68, 70
31 Gallium	2	69 (60%), 71 (40%)
32 Germanium	5	70, 72, 73, 74 (37,1%), 76
33 Arsen	1	75 (100%)
34 Selen	6	74, 76, 77, 78 (24,0%), 80 (48,0%), 82
35 Brom	2	79 (50%), 81 (50%)
36 Krypton	6	78, 80, 82, 83, 84 (56,85%), 86
37 Rubidium	2	85 (75%), 87
38 Strontium	3	86, 87, 88 (83,4%)
39 Yttrium	1	89 (100%)

Ordnungszahl u. Element	Zahl d. bekannten stab. Isotope	Massenzahlen der Isotopen; in Klammern bei den häufigeren oder wichtigeren die relative Häufigkeit in Prozenten.
40 Zirkon	5	90 (59%), 91, 92, 94, 96
41 Niobium	1	93
42 Molybdän	7	92, 94, 95, 96, 97, 98 (23,0%), 100
44 Ruthenium	7	96, 98?, 99, 100, 101, 102 (30%), 104
45 Rhodium	1	103 (100%)
47 Silber	2	107 (51%), 109 (49%)
48 Cadmium	9	106, 108, 110, 111, 112, 113, 114 (35%), 115, 116
49 Indium	2	113, 115 (sehr häufig)
50 Zinn	11	112, 114, 115, 116, 117, 118, 119, 120 (27,04%) 121, 122, 124
51 Antimon	2	121 (56%), 123 (44%)
52 Tellur	8	122, 123, 124, 125, 126, 127?, 128 (32,8%), 130 (33,1%)
53 Jod	1	127 (100%)
54 Xenon	9	124, 126, 128, 129 (27,13%), 130, 131, 132 (26,45%), 134, 136
55 Cäsium	1	133 (100%)
56 Barium	4	135, 136, 137, 138 (74,1%)
57 Lanthan	1	139 (100%)
58 Cer	2	140 (90%), 142 (10%)
59 Praseodym	1	141 (100%)
60 Neodym	5	142, 143, 144, 145, 146
62 Samarium	7	144, 147, 148, 149, 150, 152 (häufig), 154 (häufig)
63 Europium	2	151 (50%), 153 (50%)
64 Gadolinium	5	155, 156, 157, 158, 160
65 Terbium	1	159
66 Dysprosium	4	161, 162, 163, 164
67 Holmium	1	165
68 Erbium	4	166, 167, 168, 170
69 Thulium	1	169
70 Ytterbium	5	171, 172, 173, 174 (häufig), 176
71 Cassiopeium	1	175 (100%)
72 Hafnium	5	176, 177, 178, 179, 180
73 Tantal	1	181
74 Wolfram	4	182, 183, 184 (30,2%), 186 (29,9%)
75 Rhenium	2	185 (38,2%), 187 (61,8%)
76 Osmium	6	186, 187, 188, 189, 190, 192 (42,5%)
80 Quecksilber	9	196, 197, 198, 199, 200, 201, 202 (29,27%), 203, 204
81 Thallium	2	203, 205 (70,6%)
82 Blei	8	203, 204, 205, 206 (27,75%), 207 (20,20%), 208 (49,55%), 209, 210
83 Wismut	1	209 (100%)
90 Thorium	1	232
92 Uran	1	238 (fast 100%)

bei der Massenzahl 3 auf (Wasserstoff und Helium) und zum zweiten Mal bei der Massenzahl 40, die sowohl dem Argon als auch dem Calcium eigentümlich ist. In drei Fällen wurde dreifache Isobarie festgestellt, nämlich bei den Massenzahlen 96, 124 und 203.

Eine Möglichkeit einer makroskopischen Isotopentrennung ergibt sich, wie man schon früh erkannte, durch die Tatsache, daß sowohl die Verdampfungs- als auch die Diffusionsgeschwindigkeit von der Atommasse abhängt. 1932 ist es derart G. HERTZ gelungen, durch fraktionierte Destillation die Neon-Isotope zu trennen; sein Mitarbeiter HARMSEN gelangte sogar zu Präparaten, die zu 99 Proz. reines Neon von der Masse 20 oder 22 enthielten. Die Abb. 10—12 zeigen massenspektroskopisch die gelungene Trennung[9]; in der Abb. 10 erscheinen beide Isotope und daneben auch das schwache dritte Isotop 21, während in Abb. 11 nur das Isotop 20 und in Abb. 12 nur das Isotop 22 erkennbar sind.[10]

Andererseits bestand auch die Möglichkeit, das analytische Verfahren der Massenspektroskopie durch Verwendung sehr starker Entladungen zu einem präparativen auszugestalten, indem die erzeugten Ionen der Isotopen durch genügend lange Zeit getrennt aufgefangen werden. Derart ist 1934 SMYTHE eine Trennung der beiden Lithium-Isotope im Betrage von einigen tausendstel Milligramm gelungen, und gleichzeitig vermochten auch OLIPHANT und seine Mitarbeiter ganz dünne Blättchen herzustellen, die praktisch aus reinem Lithium von der Masse 6 oder reinem Lithium von der Masse 7 bestanden.

Eine besondere Wichtigkeit kommt, insbesondere auch für die Erforschung der Grundstoffumwandlungen, der genauen Kenntnis der Isotopengewichte zu. Faßt man nämlich die chemische Formel, die eine Grundstoffumwandlung beschreibt, als eine Gleichung auf, in der man die beteiligten Stoffe durch die entsprechenden Atomgewichte ersetzt, so muß natürlich, woferne die Reaktionsformel einen Sinn haben soll, auf beiden Seiten Gleichheit hinsichtlich der auf ganze Zahlen abgerundeten Gewichte bestehen. Hingegen zeigt sich stets eine kleine Differenz, etwa von der zweiten Dezimalstelle an, wenn auch die Dezimalen berücksichtigt werden. So geringfügig nun auch solche Differenzen sind, so gewinnen sie doch eine besondere

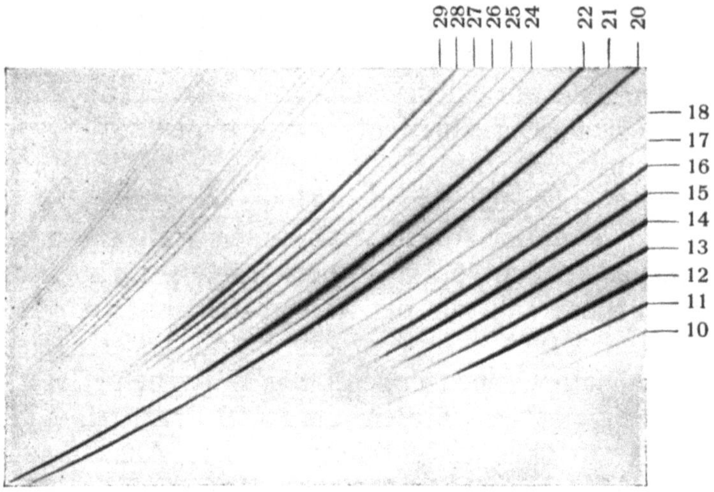

Abb. 10.

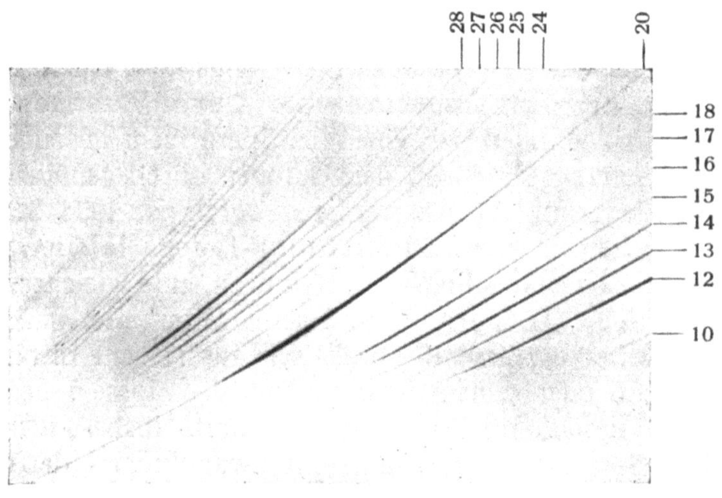

Abb. 11.

Bedeutung durch das Prinzip der Eigenenergie. Rechnet man nach der Beziehung

0,001 Atomgew. Einh. $\sim$ 0,94 eMV

die resultierende Differenz in Elektron-Volt um, so muß sich deren Betrag mit dem Ergebnis der Energiebilanz decken, die sich in vielen Fällen, wie wir später sehen werden, leicht überblicken läßt. Ist Übereinstimmung feststellbar, so be-

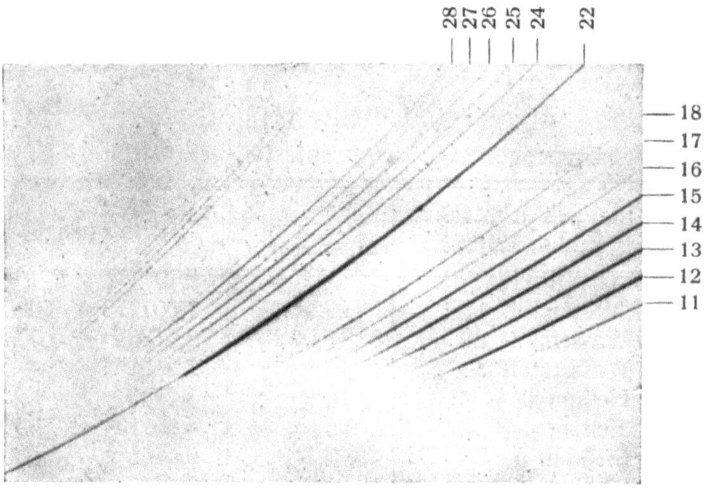

Abb. 12.

Abb. 10—12. Massenspektroskopischer Nachweis der Trennung der Neonisotope (nach H. HARMSEN, Zeitschr. f. Physik, Verlag Springer, Berlin, Bd. 82).

deutet dies natürlich stets auch eine Bestätigung der angenommenen Reaktionsformel.

Die Isotopengewichte konnten, vor allem durch ASTON und BAINBRIDGE mit einer Genauigkeit ermittelt werden, die bei den leichteren Elementen im allgemeinen noch die dritte, unter Umständen sogar noch die vierte Dezimalstelle sicher erscheinen läßt. Tabelle III gibt (großenteils unter Benutzung der viel umfangreicheren, schon erwähnten Tabelle von MATTAUCH) für die leichtesten acht Elemente die Isotopengewichte, soweit sie ermittelt werden konnten[11], wieder; dabei sind die Gewichte auf den 16. Teil der Masse eines Atoms des Sauerstoff-Isotops 16 als Einheit bezogen.

Die Abweichungen der genauen Isotopengewichte von der Ganzzahligkeit sind recht gering. Selbst bei den schweren Elementen betragen sie (auf Sauerstoff als Standard bezogen) durchwegs weniger als 0,1. Bis zum Sauerstoff sind die Abweichungen positiv, dann bis zum Quecksilber negativ und dann wiederum positiv[12]. Relativ am stärksten ist die Abweichung bei Wasserstoff, nämlich fast ein Prozent; das vierfache Atomgewicht des (gewöhnlichen) Wasserstoffs überragt das Atomgewicht des Heliums um 0,029, was nach der früher angegebenen

Beziehung der gewaltigen Energie von rund 30 Millionen Elektron-Volt entspricht.

Tabelle III.

Isotopengewichte der leichtesten acht Grundstoffe

Ordnungs-zahl	Element u. Massen-zahl d. Isotops	Relative Häufigkeit in Prozenten	Isotopengewicht
1	Wasserstoff 1	99,98	1,007775 ± 0,000035
1	Wasserstoff 2	0,02	2,01363 ± 0,00008
1	Wasserstoff 3	10^{-7}	3,0151
2	Helium 3	10^{-3}	3,0166
2	Helium 4	100	4,00216 ± 0,0002
3	Lithium 6	8,3	6,0145 ± 0,0003
3	Lithium 7	91,7	7,0146 ± 0,0006
4	Beryllium 9	99,9	9,0155 ± 0,0006
5	Bor 10	20	10,0135 ± 0,0005
5	Bor 11	80	11,0110 ± 0,00055
6	Kohlenstoff 12	98,92	12,0080 ± 0,0005
6	Kohlenstoff 13	1,08	13,0039 ± 0,1014
7	Stickstoff 14	99,62	14,008 ± 0,0014
7	Stickstoff 15	0,38	15,0027 ± ?
8	Sauerstoff 16	99,76	16,000000 gemäß Definition
8	Sauerstoff 18	0,20	18,0065 ± 0,00018

Die Abweichung von der Ganzzahligkeit in dem Massenverhältnis des Wasserstoffatoms zum Heliumatom kommt massenspektroskopisch sehr schön in Abb. 13 (nach LUKANOW und SCHÜTZE) zum Ausdruck. Die starke Linie rührt von einer einfach ionisierten zweiatomigen Wasserstoffmolekel her (also Masse 2), die schwache Linie hingegen von einem doppelt ionisierten Heliumatom, das sich wegen der doppelten Ladung massenspektroskopisch so verhält, also ob es statt der Masse 4 nur die Masse 2 hätte[13]. In dem Abstand der beiden Linien, die den beiden verschiedenen Teilchen von der Massenzahl 2 entsprechen, offenbart sich gemäß dem Prinzip der Eigenenergie die innere Bindungsenergie des Heliumatoms.

Der massenspektroskopische Nachweis von Isotopen gelang noch in Fällen, in denen die relative Häufigkeit einige wenige Zehntausendstel kaum übersteigt. Die Auffindung solcher relativ seltener Isotope war indessen in vielen Fällen nicht der Strahlenanalyse, sondern einer optisch-spektroskopischen

Methode zu danken, deren erster großer Erfolg die Entdeckung der Sauerstoff-Isotope im Jahre 1929 war. Damals stellten zwei amerikanische Physiker, GIAUQUE und JOHNSTON, in dem von der Atmosphäre gelieferten molekularen Spektrum des Sauerstoffs, in seinem sogenannten Bandenspektrum, merkwürdige Anomalien fest, die sie ganz richtig dahin deuteten, daß in Ausnahmefällen die beiden zu einer Molekel vereinigten Sauerstoffkerne untereinander nicht gleich beschaffen seien. Sie schlossen hieraus auf die Existenz von Nebenisotopen des Sauerstoffs und überzeugten sich durch die nähere Analyse des Bandenspektrums davon, daß es sich um zwei Nebenisotope, und zwar von den Massen 18 und 17 handelt.

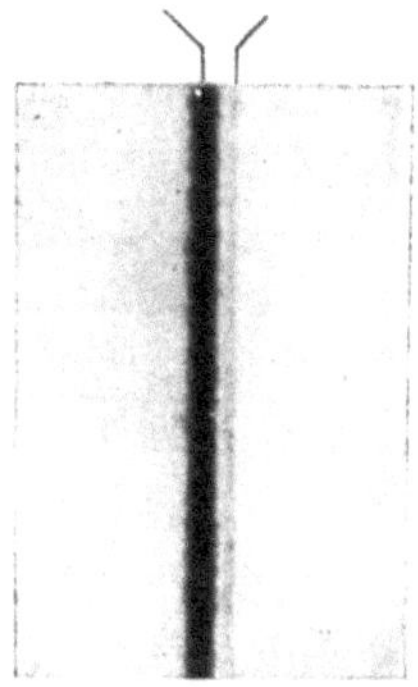

Abb. 13. Massenspektroskopisches Wasserstoff-Helium-Dublett (nach LUKANOW und SCHÜTZE, Zeitschr. f. Physik, Verlag Springer, Berlin, Bd. 82).

Aus genaueren, späteren Messungen ging hervor, daß unter je 10 000 Sauerstoffatomen etwa 20 die Masse 18 und etwa 4 die Masse 17 aufweisen. Bald nach der Entdeckung der Isotopie des Sauerstoffs haben zwei andere amerikanische Physiker, KING und BIRGE, nach derselben Methode die Existenz des Kohlenstoff-Isotops 13 festgestellt, und bald darauf entdeckte NAUDÉ, ebenfalls in Amerika und auf spektroskopischem Wege, das seltene Stickstoff-Isotop von der Masse 15. Alle diese Entdeckungen wurden dann auch mittels der Strahlenanalyse bestätigt.

Der Nachweis, daß Sauerstoff in geringem Grade zwei Nebenisotope enthält, sollte aber bald auch zu der interessantesten Entdeckung auf dem Gebiete der Isotopie führen, nämlich zu der Entdeckung des schweren Wasserstoffs. Der Gedanke, daß im Wasserstoff ein Nebenisotop von doppelter Masse vorkommen könnte, ist vermutungsweise schon früh ausgesprochen worden; alle Versuche einer experimentellen Feststellung schlugen indessen zunächst fehl. Vollends erschien gar die Vermutung erledigt, als die genaue, durch ASTON vorgenommene massenspektroskopische Bestimmung nahezu ganz denselben Wert lieferte wie die exakte chemische Atomgewichtsbestimmung. ASTON fand nämlich für die Masse des Wasserstoffatoms 1,00777, während die chemischen Analysen zu dem Werte 1,00778 führten. Da der ASTONsche Wert ein „Isotopengewicht" darstellt, der chemische aber ein „Mischungsgewicht", so glaubte man hieraus schließen zu dürfen, daß Wasserstoff nur ein einziges Isotop, eben das allgemein verbreitete von einfacher Masse, enthalte.

Durch die Entdeckung der Nebenisotope des Sauerstoffs wurde indessen der besprochenen verblüffenden Übereinstimmung die Grundlage entzogen. Nun mußte doch wohl unterschieden werden, daß sich der ASTONsche Wert auf das Sauerstoff-Isotop von der Masse 16 als Standard bezog, hingegen der chemische Wert auf eine andere Basis, nämlich auf das Gemisch der drei Sauerstoff-Isotope. Rechnet man den ASTONschen Wert auf dieses Gemisch unter Berücksichtigung der relativen Häufigkeiten um, so verringert sich der ASTONsche Wert auf 1,00756. Die Differenz zwischen diesem Werte und dem chemischen Atomgewicht des Wasserstoffs (1,00778) war aber jedenfalls zu groß, als daß sie bei der außerordentlichen Genauigkeit der Messungen auf experimentelle Fehlerquellen hätte zurückgeführt werden können. Damit war aber auch die frühere Auffassung hinfällig, daß Wasserstoff keine Nebenisotope enthalte.

BIRGE und MENZEL haben zuerst auf die Notwendigkeit dieser Schlußfolgerung hingewiesen und auf Grund der erwähnten Diskrepanz die Vermutung ausgesprochen, daß dem einfachen Wasserstoff „schwerer" von doppelter Masse im Verhältnis von etwa 1 : 5000 beigemischt sei. Ende 1932 gelang dann UREY zusammen mit BRICKWEDDE und MURPHY die tatsächliche Entdeckung des schweren Wasserstoffs. Sie photographierten hierzu in üblicher Weise das Spektrum des Wasserstoffs[14], dehnten aber die Expositionsdauer weit über die sonst übliche aus. Als sie sie auf das 4000-fache derjenigen Dauer erhöhten, die zu der Erzielung einer vollkommenen gewöhnlichen Photographie erforderlich ist, stellten sie in der Tat neben den bekannten Linien noch weitere, ganz schwache Linien fest, und zwar gerade an den Stellen, an denen sie für Wasserstoffatome mit doppelter Kernmasse auf Grund der Theorie zu erwarten waren. Sie fanden z. B. in Übereinstimmung mit der Theorie eine Linie, die die bekannte rote Wasserstofflinie in der Wellenlänge um $1{,}79 \cdot 10^{-8}$ cm übertraf.

BAINBRIDGE ist es dann gelungen, das schwere Wasserstoff-Isotop auch mittels seines Massenspektrographen festzustellen und sein Gewicht zu 2,0136 zu bestimmen; es ist dies weniger als das Molekulargewicht des Wasserstoffs (2,0154), doch beträgt die der Differenz entsprechende Bindungsenergie nur etwa 2 Millionen Elektron-Volt. Bereits 1932 gelang WASHBURN und UREY auf elektrochemischem Wege eine Trennung der beiden Wasserstoff-Isotope; ihre Methode wurde vor allem von LEWIS so vervollkommnet, daß 1934 schon große Mengen fast völlig reinen schweren Wassers verfügbar waren. Dieses weist eine um etwa 11% höhere Dichte als gewöhnliches Wasser auf, gefriert bei + 3,8° C, siedet bei 101,42° C und weist die höchste Dichte, die gewöhnliches Wasser bei 4° zeigt, bei 11,6° auf.

Innerhalb des schweren Wasserstoffs konnten schließlich LOZIER, SMITH und BLEAKNEY ein noch schwereres Wasserstoff-Isotop von dreifacher Masse massenspektrographisch nachweisen; die Existenz dieses Isotops war schon vorher von OLIPHANT, HARTECK und RUTHERFORD auf Grund von noch zu besprechenden Atomzertrümmerungsversuchen vermutet worden. In konzentriertem schwerem Wasserstoff kommt dem Isotop 3 eine relative Häufigkeit von etwa 1 : 200 000 zu; in gewöhnlichem Wasserstoff dürfte daher vielleicht erst auf etwa 1 Milliarde Atome eines von der Masse 3 entfallen.

Die Tatsache, daß ganz allgemein jede Atomart durch zwei ganze Zahlen, nämlich chemische Ordnungszahl und Massenzahl, charakterisiert erscheint, findet ihre Erklärung in der um das Jahr 1910 von RUTHERFORD entdeckten kernigen Struktur der Atome. Den Anlaß zu dieser, für die moderne Physik fundamentalen Erkenntnis boten Beobachtungen über den Durchgang von α-Strahlen durch Materie. Diese Beobachtungen ließen erkennen, daß ein α-Teilchen viele Tausende von Atomen durchqueren kann, ohne eine merkliche Änderung seiner Richtung zu erfahren, während bisweilen durch ein einziges Atom eine sehr große Ablenkung des α-Teilchens hervorgerufen wird. Besonders deutlich zeigen dies die schon erwähnten Aufnahmen mittels der WILSON-Kammer, indem manche der geradlinigen Bahnspuren am Ende um einen ziemlich großen Winkel geknickt erscheinen (vgl. Abb. 14).

Auf Grund des wohl bekannten COULOMBschen Gesetzes läßt sich diese merkwürdige Tatsache leicht durch die Annahme erklären, daß die Ablenkung die Folge einer elektrischen Kraft ist, die auf das positiv elektrische α-Teilchen durch einen Atomkern ausgeübt wird, dessen Volumen nur einen sehr geringen Teil des gesamten Volumens des Atoms bildet. Die elektrische Kraft könnte dabei von vornherein sowohl als anziehende wie auch als abstoßende gedacht, der Atomkern also sowohl negativ als auch positiv angenommen werden. Aus dem Prinzip der Gleichheit von Aktion und Reaktion folgt aber nun, daß die tatsächlich beobachteten, außerordentlich großen Ablenkungen der α-Teilchen nur möglich sind, wenn die Masse des Kernes wesentlich größer als die Masse des abgelenkten α-Teilchens ist; auch zeigen die Beobachtungen, daß die Größe der starken Ablenkungen mit dem Atomgewicht der ablenkenden Substanz zunimmt. Die Masse des Atoms muß daher im wesentlichen in seinem Kern konzentriert sein.

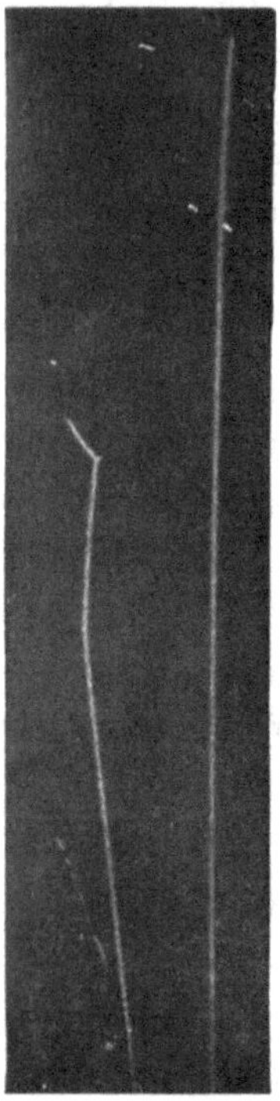

Abb. 14. Geknickte Bahn eines α-Teilchens.

Da sich nun die Masse der Elektronen als verschwindend klein gegenüber der Masse der positiv elektrischen Strahl-Korpuskeln erweist, mußte angenommen werden, daß die Kerne der Atome positiv elektrisch sind. Weil ferner die Atome nach außen hin im allgemeinen elektrisch neutral sind, muß diese positive Ladung durch negative Ladungen kompensiert gedacht werden; und da man in den Kathoden- und β-Strahlen negative Teilchen nur als Elektronen kennt, so muß offenbar die positive Kernladung durch Elektronen kompensiert sein, die den Kern umgeben.

Woferne sich diese Elektronen genügend rasch um den Kern bewegen, wäre die elektrische Anziehung, die sonst zu ihrer Vereinigung mit dem Kern führen müßte, durch die Zentrifugalkraft aufgehoben. So ergab sich das Modell des Atoms, das zuerst von RUTHERFORD im Jahre 1911 in die Physik eingeführt wurde. Danach bestehen die Atome aus positiv elektrischen Kernen, um die Elektronen nach einem häufig gebrauchten Bilde ähnlich wie die Planeten um die Sonne kreisen.

In einem derartigen Modell erscheint jedes Atom vor allem durch eine ganze Zahl charakterisiert, nämlich durch die Anzahl der Planetenelektronen, die im neutralen Zustand den Kern „umkreisen". Diese Zahl muß sich natürlich mit derjenigen decken, die durch Multiplikation mit dem elektrischen Elementarquantum die Kernladung ergibt und die daher als die Kernladungszahl zu bezeichnen ist. VAN DEN BROEK hat bereits im Jahre 1913 die Auffassung entwickelt, daß die chemische Ordnungszahl, die den Platz in der MOSELEYschen Grundstoffreihe bestimmt, nichts anderes als die Kernladungszahl sei, und diese Annahme fand später eine direkte experimentelle Bestätigung durch Messungen CHADWICKs. Er ermittelte 1920 die Kernladungszahlen einiger Elemente aus Beobachtungen über die Streuung von α-Strahlung durch dünne Metallfolien und fand in der Tat Werte, die genau mit den MOSELEYschen Ordnungszahlen übereinstimmten[15].

Die chemischen Eigenschaften eines Atoms hängen nur von seinen Planetenelektronen ab, und zwar vor allem von den äußersten, den „peripheren" unter ihnen. Die Elektronen ordnen sich nämlich auf Grund quantentheoretischer Beziehungen so an, daß sie bestimmte Gruppen und innerhalb dieser wieder Untergruppen bilden, von denen jede mit einer ganz bestimmten, quantentheoretisch festgelegten Elektronenzahl voll besetzt erscheint. Man unterscheidet, um es nur kurz zu erwähnen, in einer historisch begründeten Terminologie[16] s-, p-, d-, f-Untergruppen, die mit 2 bzw. 6, 10 und 14 Elektronen voll besetzt sind[17]. Ferner unterscheidet man eine ein-, zwei-, drei-, vierquantige Gruppe, und so fort. Die einquantige enthält nur eine s-Untergruppe, die zweiquantige vermag eine s- und eine p-Untergruppe zu vereinigen, die dreiquantige ist voll besetzt, wenn sie eine s-, p- und d-Untergruppe umfaßt, eine vierquantige ist erst mit einer s-, p-, d- und f-Untergruppe vollständig. So ist die einquantige Gruppe mit 2, die zweiquantige mit $2 + 6$ oder 8, die dreiquantige mit $2 + 6 + 10$ oder 18 und die vierquantige mit $2 + 6 + 10 + 14$ oder 32 Elektronen komplett.

Als ein Beispiel einer Elektronengruppierung sei diejenige

des Goldatoms angeführt; es enthält eine voll besetzte ein-, zwei-, drei- und vierquantige Gruppe, was zusammen 60 Elektronen ergibt. Hierzu kommt im Goldatom noch eine unvollständige fünfquantige Gruppe, die nur die s-, p- und d-Untergruppe, also weitere 18 Elektronen umfaßt. Überdies enthält das Goldatom ein einziges sechsquantiges Elektron, und zwar ein „s-Elektron", womit die Ordnungszahl des Goldes 79 erreicht ist.

Die Quantentheorie führt auch zu der Vorstellung, daß, wenigstens im allgemeinen, die einquantige Gruppe die dem Kerne nächste ist und mit zunehmender Quantenzahl der Abstand vom Kerne wächst[18]. Daß es aber die äußersten Elektronen sind, die die chemischen und die wichtigen physikalischen Eigenschaften bestimmen, wird deutlich durch die eigenartige Sonderstellung bewiesen, die in dem Grundstoffsystem die seltenen Erden mit den Ordnungszahlen von 57 bis 71 einnehmen. Mit dem 58. Element setzt nämlich der Ausbau der vierquantigen f-Untergruppe ein, welcher Vorgang sich aber bereits bei Vorhandensein von fünf- und sechsquantigen Elektronen, also schon ziemlich weit im Atominnern abspielt. Es zeigt sich nun, daß diese Komplettierung ohne wesentlichen Einfluß auf die durch die äußeren Elektronen bedingten chemischen und physikalischen Eigenschaften bleibt, so daß in diesen Eigenschaften die 14 auf das 57. Element (das Lanthan) folgenden Grundstoffe mit letzterem und untereinander ziemlich übereinstimmen.

Noch viel weniger als durch die inneren Elektronengruppen werden die „peripheren" Eigenschaften der Atome durch die Kerne selbst beeinflußt. In dieser Hinsicht sind Verschiedenheiten in der Kernstruktur ziemlich bedeutungslos, woferne die resultierende Kernladung die gleiche ist. Da aber zwei verschieden zusammengesetzte Kerne auch bei gleicher Ladung verschiedene Masse haben können und im allgemeinen wohl auch haben, erklärt es sich, daß Atome trotz verschiedenen Gewichtes dennoch in ihrem chemischen und physikalischen Verhalten derart enge übereinstimmen können, daß sie nur als verschiedene Modifikationen eines und desselben chemischen Elementes erscheinen.

Ausnahmen sind höchstens bei solchen Grundstoffen zu

erwarten, bei denen lediglich einige wenige Planetenelektronen den Kern umgeben, vor allem also bei Wasserstoff, dessen Atome ja nur ein einziges, völlig isoliertes Elektron aufweisen. In der Tat zeigen sich in den chemischen und physikalischen Eigenschaften der beiden Wasserstoff-Isotope von den Massen 1 und 2 so beträchtliche Abweichungen, daß für das schwerere der beiden Isotope ein eigener Name, nämlich Deuterium oder englisch auch Diplogen und ein eigenes Symbol, nämlich D, eingeführt wurde (Für das besonders seltene und bisher noch nicht abgetrennte Isotop von dreifacher Masse wurden der Name Triplogen und das Symbol T vorgeschlagen).

Im besonderen können natürlich zwei Atomkerne auch bei gleicher resultierender Ladung und gleicher Masse dennoch verschiedene Struktur besitzen. Eine derartige „Kern-Isomerie“ könnte sich unter Umständen in anderen Eigenschaften als Ordnungs- und Massenzahl offenbaren, z. B. in Unterschieden in den Dezimalstellen des Isotopengewichtes, also in getrennten massenspektroskopischen Linien, ferner in verschiedenem Verhalten bei Umwandlungen und schließlich auch in verschiedener Stabilität.

Der erste Fall von Isomerie wurde 1934 festgestellt, als ASTON im Blei ein Isotop von der Massenzahl 210 und einer relativen Häufigkeit von 0,08 Prozent massenspektroskopisch nachwies. Schon von früher her war es nämlich bekannt, daß Radium D, das durch eine Reihe von spontanen Umwandlungen aus Radium hervorgeht, eine Bleiart vom Atomgewicht 210 ist. Da es aber eine ziemlich starke Radioaktivität aufweist und eine solche bei dem gewöhnlichen Blei fehlt, in dem das Isotop 210 immerhin zu fast ein Promille enthalten ist, erscheint es wohl sicher, daß Radium D mit dem von ASTON massenspektroskopisch entdeckten Isotop nicht identisch ist.

Von der Atommasse unterscheidet sich ganz allgemein die Kernmasse um das Produkt aus der Kernladungszahl und der Elektronenmasse. Die genaue Bestimmung des „Atomgewichtes“ des Elektrons gründet sich vor allem auf die Ablenkungen, die die aus Elektronen zusammengesetzten Kathodenstrahlen im elektrischen und magnetischen Felde erfahren. Diese Untersuchungen liefern nämlich das Verhältnis zwischen Ladung und Masse des Elektrons. Andererseits war aus elektrochemischen

Messungen, die bis auf FARADAY zurückgehen, sehr genau das Verhältnis zwischen der Ladung und der Masse eines Wasserstoffatoms bekannt. Ein Vergleich ergab schon gegen Ende des 19. Jahrhunderts, daß die Masse des Elektrons rund 2000 mal kleiner als die des Wasserstoffatoms ist. Spätere, viel genauere Messungen führten zu dem Werte 1838. Dividiert man das Atomgewicht des Wasserstoffs (1,00778) durch diese Zahl, so findet man als den Beitrag, den zu dem Atomgewicht ein Elektron liefert, 0,000548. Von dem Atomgewicht des Urans entfällt also ein Anteil von 0,0504 auf das Planetensystem.

Die Zahl, durch die man die Atomgewichte dividieren muß, um die absoluten Gewichte der Atome zu finden, wird nach dem Physiker, der sie 1865 zuerst ungefähr ermittelte, als die LOSCHMIDTsche Zahl bezeichnet. Ihre Bestimmung ist nach mannigfachen Methoden gelungen, die übereinstimmend zu dem Werte $6{,}06 . 10^{23}$ führten[19]. Die absolute Masse eines Wasserstoffatoms ergibt sich danach zu $1{,}662 . 10^{-24}$ g. Das kleinste mit freiem Auge noch sichtbare Staubkörnchen enthält somit mehr Atome, als die Zahl aller lebenden Menschen beträgt.

Dritter Vortrag.

Die Mittel der Atomzertrümmerung.

Durch die Feststellung der kernigen Struktur der Atome hat das Problem der Grundstoffumwandlung eine wesentliche Präzisierung erfahren. Seit die Physiker erkannt hatten, daß der chemische Charakter eines Atoms durch einen Kern bestimmt ist, der zwar nahezu die ganze Masse des Atoms in sich vereinigt, aber gleichwohl nur einen winzigsten Bruchteil des gesamten Atomvolumens erfüllt, war auch der Weg vorgezeichnet, den zunächst alle Versuche einer künstlichen Elementeverwandlung nehmen mußten. Sie konnten, wenigstens zunächst, nur darin bestehen, daß man auf die umzuwandelnde Materie in enormer Zahl Projektile richtete, die, ohne in der Größenordnung das Volumen der zu beeinflussenden Kerne zu übertreffen, wenigstens soviel kinetische Energie in sich bergen, als zum Eindringen in den Kern und zur Ermöglichung der beabsichtigten „Kernreaktion" erforderlich ist.

Es war von vorneherein klar, daß diese Energiebeträge zumindest in der Größenordnung von Zehntausenden von Elektron-Volt liegen müssen; wußte man doch, daß bereits ein Energieaufwand von etwa 1 bis 100 Elektron-Volt nötig ist, um einem Atom auch nur eines seiner am lockersten gebundenen Planetenelektronen (im Wege der Ionisierung) zu entreißen. Auch war es bekannt, daß von den spontan zerfallenden Kernen radioaktiver Elemente in vielen Fällen Kernbausteine mit einer Wucht von mehr als einer Million Elektron-Volt fortgeschleudert werden. Es war aber auch klar, daß durch Experimente der angegebenen Art niemals „makroskopisch" erkennbare Umwandlungen, sondern nur solche in winzigstem Maßstab herbeigeführt werden können. Da nämlich die Kerne nur etwa den billionten Teil des Atomvolumens einnehmen, und selbst auf einer Strecke von 1 cm ein Projektil höchstens rund 10 Millionen Atome durchquert [1], so besteht nur eine äußerst geringe Wahrscheinlichkeit dafür, daß ein auftreffendes Projektil auch wirklich eine Kernumwandlung herbeiführt. Dies mag bestenfalls einmal in hunderttausend Fällen geschehen, so daß zur Erzielung einer vollständigen Umwandlung wenigstens 100000 mal mehr Projektile gegen die umzuwandelnde Materie gerichtet werden müßten, als diese Atome enthält. Würden etwa, um diese Utopie als Beispiel anzuführen, die Projektile durch eine radioaktive Substanz geliefert, von der während der Versuchsdauer 1 kg zerfiele, so würde gleichwohl kaum mehr als ein Milligramm des bombardierten Stoffes umgewandelt werden.

Im allgemeinen eignet sich ein Materieteilchen wohl umso eher zum Projektil, je größer seine Masse unter der vorhin angegebenen Voraussetzung ist, daß seine Lineardimensionen die Größenordnung von 10^{-12} cm nicht überragen. Als Geschosse kommen daher hauptsächlich Atomkerne in Betracht, vor allem im hüllenlosen Zustand, in dem sie die Experimentalphysik bisher jedoch nur bei den allerleichtesten Elementen (Wasserstoff und Helium) kennt. Eine kinetische Energie in dem früher genannten Mindestbetrage von einigen zehntausend Elektron-Volt kommt solchen Projektilen allerdings erst bei Geschwindigkeiten von Hunderten von Kilometern pro Sekunde zu. Sind solche nicht von Natur aus gegeben, wie etwa bei den α-Strahlen, so sind daher jedenfalls recht komplizierte Vorrichtungen erforderlich, um Teilchen künstlich bis zu so enormer Schnelligkeit zu beschleunigen.

Von wesentlicher Bedeutung sind für die Grundstoffumwandlungen die elektrischen Kräfte, die von den bombardierten Kernen ausgehen. Da nämlich die Kerne positiv elektrisch sind, setzen sie jeder Annäherung eines gleichfalls positiv elektrischen Geschosses eine abwehrende Abstoßung entgegen, die natürlich umso stärker zur Geltung gelangen muß, je größer die Kernladung ist. Im allgemeinen müssen daher Zertrümmerungsversuche bei den leichteren Elementen aussichtsreicher erscheinen als bei den schweren Elementen, woferne als Projektile Atomkerne zur Verwendung gelangen; denn diese sind stets positiv elektrisch. In der Tat glückten, wovon noch eingehend die Rede sein wird, die künstlichen Umwandlungen schwerer Elemente erst, als die Physiker ungeladene Teilchen von der Masse eines Wasserstoffatoms und dem Volumen eines Atomkerns kennen lernten und diese Teilchen, für die die abstoßende Wirkung entfällt, als Projektile benutzten.

Da Grundstoffumwandlungen im allgemeinen mit einer Einfügung neuer und einer Abstoßung alter Kernbausteine, oft wohl auch mit einer Umlagerung innerhalb der Kerne verbunden sind und zwischen den einzelnen Bausteinen vielfach elektrische Kräfte wirken, so muß jeder Grundstoffumwandlung ein bestimmter Energieumsatz zukommen. In dieser Hinsicht besteht Analogie zwischen den „Kernreaktionen" und den gewöhnlichen chemischen Reaktionen. Ist bei der Kernreaktion Energie aufzuwenden, so erscheint es natürlich von vornherein aussichtslos, die Grundstoffumwandlung zu versuchen, woferne die kinetische Energie des Projektils kleiner als der erforderliche Energieaufwand ist. Daß sich für die Zwecke der Atomumwandlung Elektronen, wenigstens bisher, nicht als geeignetes Mittel erwiesen, dürfte wohl damit zusammenhängen, daß Elektronen keine Kernbausteine darstellen.

Unter den hüllenlosen Atomkernen, die zunächst allein als Projektile in Betracht kamen, waren am längsten die Heliumkerne bekannt; die Physiker lernten sie am Ende des 19. Jahrhunderts als Bestandteile der von radioaktiven Substanzen ausgehenden Alpha-Strahlen kennen. Schon wenige Jahre nach der Entdeckung dieser Strahlen gelang es, sowohl die Ladung als auch die Masse der α-Teilchen festzustellen. Hierzu bedienten sich die Forscher der sogenannten Szintillationsmethode. Bringt man nämlich in die Nähe eines Radiumpräparates (das solche α-Teilchen ständig aussendet) einen Schirm, auf dessen Oberfläche Zinkblende aufgetragen ist, so nimmt man ein ständiges Aufblitzen einzelner Lichtpunkte, also sogenannte Szintillationen wahr. Es liegt jedenfalls die Annahme nahe, daß jeder Lichtblitz durch das Auftreffen eines einzelnen α-Teilchens verursacht wird.

Man bringt nun vor das Radiumpräparat eine mit einer kleinen Öffnung versehene Blende aus einer für die α-Teilchen undurchlässigen Substanz. Die Öffnung macht man so klein, daß durch sie nur solche α-Teilchen austreten können, deren Auftreffen auf dem Schirm in einem Mikroskop beobachtet werden kann. Man berechnet, welcher Bruchteil der gesamten Emission von α-Teilchen durch die Blendenöffnung hindurchgeht; hierzu braucht man nur die Größe der Öffnung und ihren Abstand von dem Radiumpräparat zu kennen. Die Zahl der Szintillationen, etwa pro Minute, läßt sich dann durch Zählung ermitteln, und damit ist auch die Zahl der α-Teilchen gegeben, die von dem Präparat in der Minute ausgesendet werden; übrigens ist eine Zählung der α-Teilchen auch nach anderen Methoden möglich, die zu denselben Ergebnissen führen.

Man kann nun andererseits in die Nähe des Radiumpräparates eine Metallplatte bringen und diese durch die auftreffenden positiv elektrischen α-Teilchen selbst positiv aufladen. Die gesamte Elektrizitätsmenge, die die Platte auf diese Weise in einer bestimmten Zeit empfängt, kann leicht gemessen werden. Da man aber nach dem früher Gesagten weiß, wieviel α-Teilchen auf die Metallplatte in dieser Zeit auftrafen, ist damit die Ladung eines einzelnen α-Teilchens gegeben. Diese erwies sich als genau doppelt so groß wie das anderweitig bestimmte elektrische Elementarquantum.

Andererseits konnte für die α-Strahlen nach derselben Methode wie bei den Kathodenstrahlen das Verhältnis der Ladung zur Masse mittels der magnetischen Ablenkung ermittelt werden, und damit war dann natürlich auch die Masse selbst gegeben. Diese ergab sich viermal so groß wie bei dem Wasserstoffatom. Woferne es sich bei den α-Teilchen um Atomkerne handelt, war es somit vom Standpunkte der späteren Theorie des Grundstoffsystems aus klar, daß die Teilchen nur Heliumkerne (Ladung 2, Masse 4) sein können.

Daß tatsächlich die α-Teilchen nach Neutralisierung ihrer positiven Ladung zu Heliumatomen werden, haben schon 1907 RUTHERFORD und ROYDS zu zeigen vermocht. Sie brachten eine α-strahlende Substanz in eine zugeschmolzene Glasröhre, deren sehr dünne Wand eine Dicke von nur ungefähr 1/100 mm hatte; durch diese Wand konnten, wie bekannt war, die α-Strahlen nahezu ungehindert hindurchgehen. Die dünnwandige Glasröhre befand sich nun in einem anderen, ebenfalls zugeschmolzenen, jedoch dickwandigen Glasgefäß. Außerhalb dieses Gefäßes konnten Szintillationen nicht wahrgenommen werden, und es war somit erwiesen, daß alle α-Teilchen, die durch die dünne Glaswand gedrungen waren, in dem evakuierten Zwischenraum zwischen den beiden Wänden verblieben. In diesem Zwischenraume konnten RUTHERFORD und ROYDS in der Tat nach einiger Zeit das Auftreten von Helium spektroskopisch feststellen.

Wie die näheren Messungen zeigten und schon erwähnt wurde, erzeugt 1 Gramm Radium in einem Jahre ungefähr 167 cmm Heliumgas, die ein Gewicht von 0,0298 mg darstellen. Da die Masse eines Heliumatoms viermal so groß wie die eines Wasserstoffatoms ist, so kann man (auf Grund der Daten am Ende des zweiten Vortrags) unschwer berechnen, daß aus 1 g Radium in einem Jahre 4,52 Trillionen Heliumatome entstehen. Andererseits sendet, wie man durch die Szintillationsmethode fand, 1 g Radium in einem Jahre 1,17 Trillionen α-Teilchen aus. Ein Radiumpräparat enthält aber nun außer Radium stets noch (im sogenannten radioaktiven Gleichgewicht mit dem Radium) drei Umwandlungsprodukte des Radiums (Radium A, Radium B und Radium C), deren jedes ebensoviel α-Teilchen wie das Radium selbst aussendet. Wird daher die zuletzt angegebene Zahl noch vervierfacht, so ergeben sich 4,68 Trillionen, in guter Übereinstimmung mit der Zahl der jährlich von 1 g Radium erzeugten Heliumatome.

Es erscheint somit völlig sicher, daß die α-Teilchen nach ihrer Neutralisierung mit Heliumatomen identisch sind, was übrigens auch die Massenzahl 4 beweist. Daß aber die α-Teilchen hüllenlose Kerne darstellen, geht aus der vorhin erwähnten Tatsache hervor, daß sie eine positive Ladung von zwei Elementarquanten tragen, während 2 die Ordnungszahl des Elementes Helium ist. Die α-Teilchen stellen also jedesfalls ein sehr geeignetes Mittel zur Atomzertrümmerung dar, zumal sie mit ganz ungeheurer Energie von den radioaktiven Substanzen fortgeschleudert werden. Die Anfangsgeschwindigkeit der α-Strahlen, die für verschiedene Substanzen verschieden ist, liegt zwischen 1,4 und $2,06 . 10^{9}$ cm pro sec, also zwischen etwa 5 und 8 Prozent der Lichtgeschwindigkeit. Solchen Anfangsgeschwindigkeiten entsprechen Werte der kinetischen Energie zwischen zwei und vier Millionen Elektron-Volt. In der Tat bedienten sich bei den Versuchen, die der Atomzertrümmerung galten, durch viele Jahre (1919—1930) die Physiker zunächst ausschließlich der α-Teilchen; dann erst gewannen für die künstliche Grundstoffumwandlung die Wasserstoffkerne eine rasch wachsende Bedeutung.

Der experimentelle Nachweis von Strahlen, die aus Wasserstoffkernen, aus sogenannten Protonen, zusammengesetzt sind, war bereits 1914 MARSDEN gelungen, als er α-Strahlen durch Wasserstoffgas hindurchsandte. Obwohl in diesem die Reichweite der α-Strahlen nur etwa 28 cm beträgt, konnte nämlich MARSDEN noch in einer Entfernung von 80 cm von der Quelle der α-Strahlen, auf einem Schirm von Zinksulfid Szintillationen feststellen. Diese mußten somit wohl als eine indirekte Wirkung der α-Strahlen gedeutet werden; sie mußten offenbar auf Strahlen zurückgeführt werden, die durch die α-Strahlen in dem von ihnen durchquerten Wasserstoffgas erst hervorgerufen werden. RUTHERFORD vermochte zu zeigen, daß die Teilchen dieser so weit reichenden Strahlen in der Tat dasselbe Verhältnis der Ladung zur Masse haben, wie es den Wasserstoffkernen zukommen muß; nach dem chemischen Symbol des Wasserstoffs wurden darum die von MARSDEN entdeckten Strahlen bald auch allgemein als H-Strahlen bezeichnet.

Etwa zehn Jahre später ist es BLACKETT gelungen, Zusammenstöße zwischen α-Teilchen und den Atomkernen eines von ihnen durchquerten Gases tatsächlich in ihren Einzelheiten nach der WILSONschen Methode zu photographieren. Im Bilde offenbaren sich die Zusammenstöße als „Gabelungen" der Nebelstreifen; von der Verzweigungsstelle führt außer der Spur des durch den Stoß abgelenkten α-Teilchens noch als zweite, dickere oder dünnere Spur diejenige des durch Rückstoß fortgeschleuderten Atomkerns. Gemäß dem Satze von der Erhaltung des Impulses ist diese zweite Spur um so länger, je leichter der zurückgeworfene Kern ist.

Da für ein α-Teilchen, wie schon erwähnt, nur eine außerordentlich geringe Wahrscheinlichkeit eines Auftreffens auf einen Atomkern (wegen dessen geringen Volumens) besteht, ist es nicht verwunderlich, daß erst auf Zehntausende von Bahnspuren eine gegabelte kommt und somit nur ganz wenige unter sehr vielen photographischen Platten überhaupt eine derartige Aufnahme enthalten. Indem BLACKETT durch einen sinnvollen Mechanismus stets gleichzeitig aus zwei zueinander senkrechten Richtungen photographierte, gewann er die Möglichkeit, aus den Aufnahmen die Winkel zu berechnen, die die beiden durch die Gabelung entstandenen Richtungen mit der ursprünglichen Richtung des stoßenden α-Teilchens im Raume einschließen. Sind aber diese Winkel bekannt, so läßt sich mittels

Abb. 15. Durchgang von α-Strahlen durch Helium (nach BLACKETT aus Proceedings of the Royal Society, London).

einfacher Beziehungen das Verhältnis zwischen den Massen des stoßenden und des gestoßenen Teilchens berechnen, nämlich auf Grund der Sätze von der Erhaltung der Bewegungsgröße und der Energie.

So ermittelte z. B. BLACKETT aus einer gegabelten Spur, die er bei dem Durchgang von α-Strahlen durch Heliumgas photographieren konnte (vgl. Abb. 15), für das Massenverhältnis einen Wert von 0,98, also nahezu 1, womit er übrigens einen weiteren Beweis für die Identität der α-Teilchen mit Heliumkernen erbrachte. Eine Aufnahme einer Gabelung bei dem Durchgang von α-Strahlen durch Wasserstoffgas (vgl. Abb. 16) lieferte für das Massenverhältnis den Wert 0,25; damit erschien es bestätigt, daß die in dem Wasserstoffgas getroffenen Atomkerne tatsächlich eine viermal kleinere Masse als die α-Teilchen besitzen.

Die Existenz der Protonen erschien so mehrfach experimentell erwiesen. Da nun dem Wasserstoff die chemische Ord-

Abb. 16. Durchgang von α-Strahlen durch Wasserstoff (nach BLACKETT aus Proceedings of the Royal Society, London).

nungszahl 1 zukommt, ergab sich weiterhin die Folgerung, daß Protonen durch einfache Ionisierung von Wasserstoffgas erzeugt werden können. Bei genügend hoher Beschleunigung müßten daher in Wasserstoff hervorgerufene Kanal- oder Anodenstrahlen ein geeignetes Mittel zur Atomzertrümmerung darstellen.

Derart künstlich geschaffene Projektile müßten sogar einen wesentlichen Vorzug vor den „natürlichen“ α-Teilchen aufweisen, die bis zum Jahre 1932 für die Zwecke der Grundstoffumwandlung allein benutzt wurden. Selbst die stärksten verfügbaren radioaktiven Präparate senden nämlich pro Sekunde nur etwa eine Milliarde α-Teilchen aus und vermögen somit pro Sekunde kaum mehr als höchstens einige hundert Atome zu zertrümmern. Bei den Protonenstrahlen ist hingegen die Wirkung in keiner Weise begrenzt; tatsächlich ist es, wovon noch die Rede sein wird, gelungen, Strahlen von solcher Mächtigkeit zu erzeugen, daß pro Sekunde etwa 10^{14} Protonen geliefert und Hunderttausende von Atomen in der Sekunde umgewandelt werden.

Freilich waren die Physiker von den mit α-Strahlen durchgeführten Atomzertrümmerungen her an ganz enorme Energiekonzentrationen gewöhnt; denn bei diesen Versuchen waren α-Teilchen von zumindest drei Millionen Elektron-Volt zur Verwendung gelangt. So schienen auch Zertrümmerungsversuche mit künstlich hergestellten Mitteln zunächst nur Erfolg zu versprechen, wenn hiebei Spannungen von mehreren Millionen Volt wirksam würden, also wesentlich höhere Spannungen, als sie in der Experimentalphysik bis dahin benutzt worden waren. Darum waren in den Jahren von etwa 1928 bis 1932 viele Forscher mit der Konstruktion spezieller Entladungsröhren beschäftigt, die Spannungen von 1 bis 10 Millionen Volt dienen sollten. Allerdings konnten von solchen Versuchen nur in qualitativer Hinsicht verläßliche Ergebnisse erwartet werden; denn für die stoßartigen Funkenentladungen, mit denen gearbeitet werden sollte, kann der tatsächliche Spannungsverlauf kaum ermittelt werden.

Während an verschiedenen Orten unter großem Aufwand an Geld, Scharfsinn und Mühe gigantische Atomzertrümmerungsstätten in Bau waren, verfolgten in Cambridge (England) COCKCROFT und WALTON einen viel einfacheren Plan, der sich in der Folge als der viel erfolgreichere erweisen sollte und der sich auf theoretisch-physikalische Untersuchungen von GAMOW gründete. Dieser hatte gezeigt, daß aus Gründen der Wellenmechanik ein merklicher Umwandlungseffekt bei leichten Elementen auch bei Verwendung von Protonenstrahlen erwartet werden dürfe, die nur eine Spannung von einigen hunderttausend Volt durchlaufen hätten.

Als COCKCROFT und WALTON im Jahre 1932 ihre Apparatur vollendet hatten, bewies in der Tat das Experiment die Richtigkeit der theoretischen Auffassung, durch die sich die beiden Forscher hatten leiten lassen. Bei der Zertrümmerung des Lithiums wurde eine reiche Ausbeute bereits mittels der bei den ersten Versuchen benutzten Spannung von 125000 Volt erzielt; ja es zeigte sich, daß der Zertrümmerungseffekt, wenn auch in wesentlich geringerem Ausmaß, bereits bei einer Spannung von nur 30000 Volt feststellbar ist.

Das Verfahren, das COCKCROFT und WALTON zur Anwendung brachten, bestand im wesentlichen darin, daß sie in einer besonders konstruierten Entladungsröhre in Wasserstoffgas Kanalstrahlen erzeugten, und diese nach ihrem Austritt aus dem eigentlichen Entladungsraum durch Anwendung eines starken elektrischen Feldes „nachbeschleunigten". Methoden hiefür waren bereits früher von W. WIEN ersonnen und von verschiedenen seiner Schüler in München weiter ausgebildet worden. Eine große technische Schwierigkeit, die erst durch besondere Kunstgriffe überwunden werden mußte, bestand allerdings darin, daß die Nachbeschleunigung in einem wesentlich höheren Vakuum erfolgen muß als die Entladung, die bei zu hoher Verdünnung unterbleiben würde, daß aber gleichwohl beide Räume miteinander in offener Verbindung stehen müssen, durch die die Protonen austreten; es erwies sich ein besonderes Pumpensystem als erforderlich, durch das die Verschiedenheit der Verdünnung aufrechterhalten wird.

Eine wesentliche Verbesserung erfuhr diese Apparatur durch RUTHERFORD und OLIPHANT, die die nachbeschleunigten Teilchen noch durch ein starkes Magnetfeld hindurchgehen ließen. Dieses ermöglicht, weil die Ablenkung im Felde von der Masse abhängt, eine Trennung der Protonen von den sie begleitenden Ionen größerer Masse; da bei gegebener Masse der Grad der Ablenkung überdies noch durch die Geschwindigkeit bedingt ist, konnte es so auch erreicht werden, daß an eine gewünschte Stelle nur Protonen einheitlicher Energie gelangten. Die zu untersuchende Substanz, auf die man die derart „homogenisierten" Protonenstrahlen im Hochvakuum richtet, wird bei einer Oberfläche von etwa 1 qcm in der Form allerdünnster Schichten aufgetragen, die womöglich nur eine einzige Lage von Atomen enthalten sollen. Dadurch gewinnt man die Gewähr, daß die umzuwandelnden Atomkerne von den Geschossen noch mit der anfänglichen und daher bekannten Energie getroffen werden, ohne daß Energieverluste infolge des Durchganges durch Materie eintreten. Daß es sogar möglich war, Schichten herzustellen, die entweder nur das Lithium-Isotop von der Masse 7 oder nur das Lithium-Isotop von der Masse 6 enthielten, wurde bereits im zweiten Vortrag erwähnt. Die von der bombardierten Substanz fortgeschleuderten Trümmer treten durch ein äußerst dünnes (wegen des Vakuums notwendiges) Fenster, z. B. aus Glimmer, aus und können dann mittels geeigneter Methoden nachgewiesen werden. Bei der hohen Spannung, die an die Entladungsröhre angelegt wird und die bis zu der Größenordnung von 100000 Volt reicht, kommt es natürlich zu einer gewaltigen Wärmeentwicklung, weshalb eine ständige Kühlung durch zirkulierendes Öl erforderlich ist.

Die von COCKCROFT und WALTON ersonnene und durch RUTHERFORD vervollkommnete Methode der Atomzertrümmerung hat sich vielleicht als die bisher erfolgreichste erwiesen. Gleichwohl ist sie mit sehr großen technischen Schwierigkeiten verbunden, da zwischen Teilen der Apparatur Spannungen von rund 100000 Volt aufrechterhalten werden müssen. Dieser Nachteil wird bei einer genial einfachen Methode vermieden, die von LAWRENCE (in Berkeley) erfunden wurde und die es gestattet, Protonen bis zu einer kinetischen Energie von mehr als einer Million Elektron-Volt zu beschleunigen, ohne daß jemals zwei Teile der Apparatur höhere Potentialunterschiede als etwa solche von 5000 Volt aufweisen.

Die LAWRENCEsche Methode gründet sich auf die aus der Physik wohlbekannte Tatsache, daß in einem Magnetfelde ein quer zu den Kraftlinien bewegtes, elektrisch geladenes Teilchen eine Kreisbahn beschreibt, wobei die Umlaufszeit zwar von der Stärke des Feldes abhängt, hingegen von der Geschwindigkeit unabhängig ist. Eine Vergrößerung der Geschwindigkeit bewirkt lediglich in proportionalem Ausmaß eine Vergrößerung des Bahnhalbmessers.

LAWRENCE konstruierte nun einen Apparat, der aus zwei, durch einen dünnen Spalt voneinander getrennten, halbkreisförmigen flachen Metallkästchen besteht (vgl. Abb. 17).

In dem Spalt befindet sich eine „Protonenquelle"; durch einen Draht, der zum Glühen gebracht werden kann und dadurch in wohl bekannter Weise Elektronen aussendet [2], wird nämlich Wasserstoffgas ionisiert, so daß Protonen frei werden. Die Kästchen sind so eingerichtet, daß die Protonen in sie eintreten und aus ihnen austreten können.

Wird der beschriebene Apparat zwischen die beiden Pole eines starken Magneten geschoben (vgl. Abb. 18), so führen

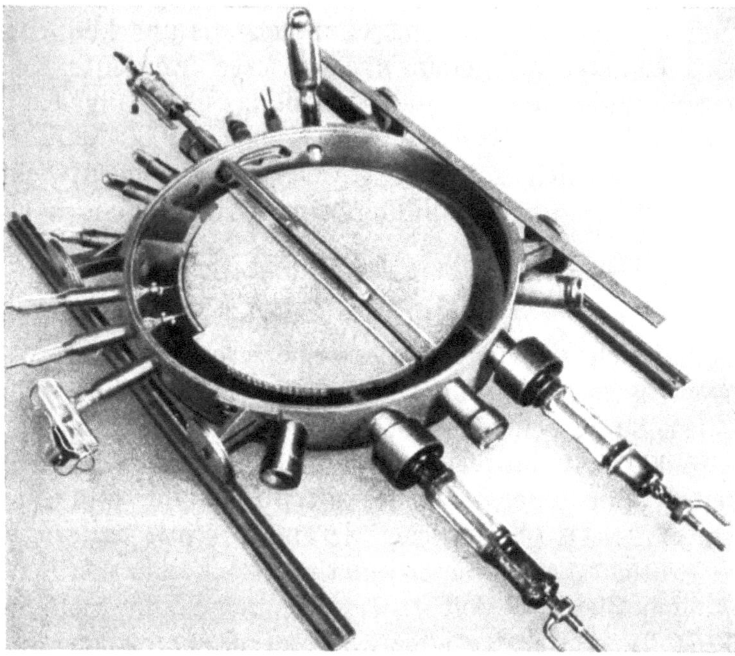

Abb. 17. Der LAWRENCEsche Apparat zur Protonenbeschleunigung (Aus Physical Review, vol. 42).

die Protonen nach dem früher Gesagten kreisförmige Bewegungen aus. Besteht nun zwischen den beiden Kästchen eine elektrische Spannung, so werden die Protonen bei dem Übergang zwischen den beiden Hälften beschleunigt; jedoch erfolgt, woferne die Spannung eine gleich bleibende ist, die Beschleunigung bei zwei aufeinander folgenden Übergängen in entgegengesetzten Richtungen, so daß die beiden Beschleunigungen einander aufheben. Wird aber nun statt einer gleich bleibenden Spannung an die beiden Kästen eine Wechselspannung angelegt, und zwar mit einer Periode, die gerade der konstanten Umlaufszeit des Protons entspricht, wechselt also die Spannung ebensooft pro Sekunde ihre Richtung, als pro Sekunde ein Proton den Spalt überquert, so addieren sich die beiden Beschleunigungen; das Proton gewinnt ständig Energie, indem es zugleich fortwährend den Radius seiner Bahn vergrößert. So gelangt nach einer entsprechenden Zahl von Umläufen das Proton an die Peripherie (bei LAWRENCE's Versuchen nach etwa 150 Um-

Abb. 18. Der LAWRENCEsche Apparat neben dem Riesenmagneten, zwischen dessen Pole er geschoben wird (aus Physical Review, vol. 42).

läufen mit einem Radius von etwas über 10 cm und bei einer Wechselzahl von rund 4 Millionen pro Sekunde). Von der Peripherie (vgl. die schmale Rinne am linken Rande der Abb. 17) wird dann das Proton mittels eines angelegten elektrischen Feldes so abgelenkt, daß es auf die zu zertrümmernde Substanz auftrifft.

Bei einer Wechselspannung von weniger als 5000 Volt und einer magnetischen Feldstärke von 14000 Gauß konnten LAWRENCE und seine Mitarbeiter bereits in ihren ersten erfolgreichen Versuchen Protonenenergien von rund einer Million Elektron-Volt erzielen; durch Verwendung größerer Kästchen konnte später die Grenze bis auf mehrere Millionen Elektron-Volt erhöht werden. Natürlich ist aber die von den Protonen gelieferte Stromstärke bei dem LAWRENCEschen Apparat recht gering; sie erreicht nur einige Tausendstel eines Mikro-Ampere[3], während RUTHERFORD bis zu Hunderten von Mikro-Ampere gelangte.

Nach denselben Methoden, mittels deren Protonenstrahlen hoher Geschwindigkeit erzeugt werden, konnten auch in schwerem Wasserstoff Strahlen von Deutonen hervorgerufen werden, wie man die Kerne von der Ladung 1 und der Masse 2 nennt[4]; mittels solcher Strahlen wurden sowohl von RUTHERFORD als auch von LAWRENCE und anderen Forschern mannigfache Zertrümmerungsversuche angestellt, von denen später noch die Rede sein wird. Nach der gleichen Methode wurden auch von CRANE, LAURITSEN und SOLTAN in Pasadena in Heliumgas künstliche α-Strahlen erzeugt und ebenfalls zu Grundstoffumwandlungen benutzt; dabei scheint es unwesentlich zu sein, daß die Heliumkerne vermutlich noch von je einem Planetenelektron begleitet sind.

Obwohl sich α-Teilchen und Protonen sowie Deutonen als vorzügliche Mittel der Atomzertrümmerung bei den leichten Elementen bewährten, so versagten sie im allgemeinen doch bei den Grundstoffen von höherer Ordnungszahl — infolge der schon erwähnten Abstoßung zwischen dem zu zertrümmernden Kern und dem gleichfalls positiv elektrischen Geschoß. Bei den schwereren Elementen gelang jedoch eine Zertrümmerung mittels der ungeladenen materiellen Urteilchen, die im Jahre 1932 als Neutronen entdeckt wurden.

Den Anlaß zu ihrer Auffindung bot eine merkwürdige Beobachtung, die schon im Jahre 1930 von BOTHE und BECKER angestellt wurde. Diese beiden Forscher untersuchten damals das Verhalten einiger leichter Elemente unter der Einwirkung von α-Strahlen und nahmen eine zwar sehr schwache, aber höchst durchdringende Strahlung wahr, die von Beryllium und einigen anderen leichten Elementen ausgeht, wenn sie von α-Strahlen getroffen werden. Bei Beryllium zeigte sich zwar diese Erscheinung am deutlichsten; doch konnte sie auch bei Lithium, Bor, Fluor, Natrium, Magnesium und Aluminium festgestellt werden.

Bald darauf entdeckten Irène CURIE und JOLIOT einen sehr merkwürdigen Effekt, den diese Strahlen, die man zunächst als γ-artig ansah, bei dem Durchgang durch Materie hervorrufen: sie vermögen die Atomkerne der durchquerten Materie mit einer ungeheuren Wucht von mehreren Millionen Elektron-Volt fortzuschleudern. Wenn z. B. die Strahlen durch Paraffin hindurchgehen, so erlangen getroffene Wasserstoffkerne des Paraffins[5] eine solche Wucht, daß sie in Luft mehrere Dezimeter zurücklegen. Die Abb. 19 zeigt die Spur eines Protons, das unter

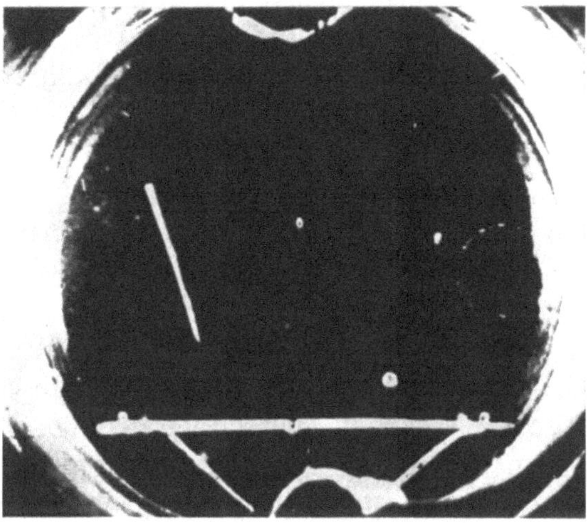

Abb. 19. Fortschleuderung eines Protons durch ein Neutron (nach I. CURIE und F. JOLIOT).

der Einwirkung von Berylliumstrahlung innerhalb einer WILSON-Kammer fortgeschleudert wurde, und zwar aus einer innerhalb der Kammer angebrachten Paraffinschichte; dabei befand sich die Strahlenquelle selbst außerhalb der Kammer.

In Fortsetzung der Versuche von CURIE und JOLIOT vermochte CHADWICK zu zeigen, daß die Kerne aller Atome durch die BOTHEsche Strahlung fortgeschleudert werden, daß aber mit zunehmender Masse der Kerne der „CURIE-JOLIOT-Effekt“ außerordentlich rasch abnimmt, so daß er sich deutlich eben nur bei den leichtesten Elementen offenbart. Die Untersuchungen von CHADWICK brachten auf Grund des reicheren

Beobachtungsmaterials auch Klarheit über die Natur der bis dahin so rätselhaften Strahlung.

Aus den meßbaren Reichweiten der zurückgeworfenen Kerne konnten nämlich deren Anfangsenergien ermittelt werden, und aus diesen ließ sich unter der Annahme einer γ-artigen Natur der Strahlung berechnen, wie groß die Energie der γ-Photonen wäre, falls solche die Kerne zurückstießen. Aus den Beobachtungen verschiedener Forscher fand CHADWICK, daß den festgestellten Reichweiten von Stickstoff- und Wasserstoffkernen eine Photonenenergie von 55 bzw. 90 Millionen Elektron-Volt entsprechen würde. Waren an sich schon diese enormen Werte höchst befremdend, so war es noch mehr die Diskrepanz zwischen ihnen; denn es ist doch kaum anzunehmen, daß die Photonen, die die Stickstoffkerne zurückwerfen, von denen verschieden sind, die die Wasserstoffkerne fortschleudern.

Die Annahme einer γ-artigen Natur der Strahlung ließ sich also kaum aufrechterhalten, und so blieb nur die andere Annahme übrig, daß die Strahlung, ähnlich wie α- oder β-Strahlung, materiell-korpuskularer Art sei. Unter dieser Voraussetzung konnte aus den festgestellten Anfangsenergien der fortgeschleuderten Atomkerne Masse und Geschwindigkeit der hypothetischen Teilchen berechnet werden. Auf diese Art ergaben sich, wie CHADWICK zeigen konnte, tatsächlich übereinstimmende Daten, ganz gleichgiltig, ob der Berechnung die Beobachtungen an Stickstoff oder Wasserstoff oder einem anderen Element zugrundegelegt wurden. Die Masse der Teilchen fand CHADWICK mit großer Annäherung gleich derjenigen eines Wasserstoffatoms, während er die kinetische Energie der Teilchen zu etwa 5 Millionen Elektron-Volt bestimmte. Teilchen dieser kinetischen Energie könnten aber nun, wenn sie auch nur die Ladung eines einzigen elektrischen Elementarquantums tragen, unmöglich Materie auf so große Entfernungen durchdringen, wie dies tatsächlich beobachtet wird. CHADWICK gelangte darum zu der Folgerung, daß die die Strahlung zusammensetzenden materiellen Teilchen ungeladen sein müssen, weshalb er für sie den seitdem allgemein gebräuchlich gewordenen Namen Neutronen einführte.

Spätere Versuche von CURIE und JOLIOT ließen erkennen,

daß die Neutronen stets von einer sehr harten γ-Strahlung von einigen Millionen eV begleitet sind, von der ja schon im ersten Vortrage öfters die Rede war. Während die Neutronen Atomkerne zur Seite stoßen, schleudert die γ-Strahlung, wie CURIE und JOLIOT fanden, außerordentlich rasche negative Elektronen fort, deren Spuren deutlich photographiert werden konnten. Das Durchdringungsvermögen dieser γ-Strahlen ist indessen keineswegs so groß wie dasjenige der Neutronen, deren Wirkung selbst dann noch deutlich erkennbar bleibt, wenn sie Bleiplatten von 30 cm Dicke passiert haben. Die von einem Elemente unter der Einwirkung bestimmter α-Strahlen ausgesandten Neutronen weisen übrigens eine weitgehende Energieverteilung auf. Für die schnellsten Neutronen der Beryllium-Strahlung fand CHADWICK, der als Quelle der α-Strahlen Polonium benutzte, eine Energie von 12 eMV; DUNNING, der als Quelle der α-Strahlen Radium-Emanation verwendete, stellte sogar eine Höchstenergie von 14,3 eMV fest.

Die experimentelle Erforschung der Neutronen ist natürlich sehr durch die Tatsache erschwert, daß die Neutronen, eben wegen des Fehlens einer elektrischen Ladung, keine ionisierenden Wirkungen hervorbringen, und daher ihr direkter photographischer Nachweis nicht möglich ist. Ihr Durchgang durch Materie bleibt an sich verborgen — im Gegensatz zu α-Teilchen, Protonen, Deutonen und Elektronen —, und nur in den seltenen Ausnahmefällen, in denen ein Neutron auf einen Atomkern trifft und ihn fortschleudert, offenbart sich durch dessen Spur die Wirkung eines einzelnen Neutrons.

Daß die Neutronen ein vorzügliches Mittel zur Atomzertrümmerung darbieten, wurde zuerst von FEATHER sowie von HARKINS festgestellt. Sie füllten eine WILSON-Kammer mit verschiedenen Gasen und sandten durch diese Neutronen hindurch; in ganz vereinzelten Fällen fanden sie in photographischen Aufnahmen Doppelspuren, die von einem Punkte ausgingen, der von der Neutronenquelle entfernt war. Dies muß offenbar so gedeutet werden, daß zu diesem Punkte die spurlose Bahn eines Neutrons führte, das dort auf einen Atomkern traf und aus ihm infolge einer bewirkten Umwandlung zwei Trümmer fortschleuderte. Auch Grundstoffe, die sich bis dahin auf keine Weise hatten beeinflussen lassen, wie z. B. Kohlenstoff und Sauerstoff, zeigten unter der Einwirkung von Neutronen diesen Effekt. Abb. 20 zeigt nach HARKINS und seinen Mitarbeitern GANS und NEWSON eine derartige Auf-

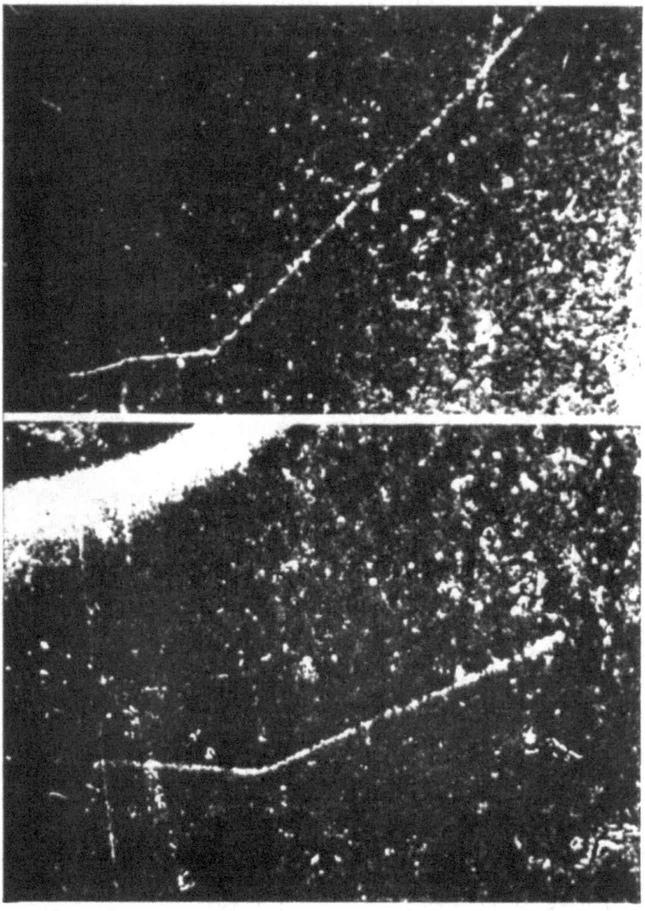

Abb. 20. Zertrümmerung eines Neonkerns durch ein Neutron (stereoskopische Aufnahme von W. D. HARKINS, D. M. GANS und H. W. NEWSON, aus Physical Review, vol. 44).

nahme der Zertrümmerung eines Neon-Kerns durch Einfangung eines Neutrons.

In großartigster Weise hat dann 1934 FERMI (wovon im letzten Vortrag ausführlich die Rede sein wird) bei einer sehr großen Zahl von Grundstoffen durch Neutronen Umwandlungen herbeigeführt. Als Neutronenquelle diente bei diesen Experimenten eine Glasröhre, die Radium-Emanation (als α-strahlende Substanz) und Berylliumpulver enthielt. Es wurden Präparate in einer Stärke bis zu 600 Millicurie benutzt, was einer α-Emission von ca. 2.10^{10} Teilchen pro Sekunde entspricht; allerdings kommt auf eine Million α-Teilchen, die auf Beryllium fallen, nach CHADWICKs Feststellungen nur eine Ausbeute von etwa 30 Neutronen, so daß selbst das stärkste der erwähnten Präparate pro Sekunde nur einige Hunderttausende Neutronen emittierte.

Der chemische Nachweis von Grundstoffumwandlungen ist bisher nur in einigen ganz wenigen Ausnahmefällen, und zwar erst seit 1934 gelungen. Sonst erfolgt der Nachweis derart, daß Trümmer festgestellt werden, die von den umgewandelten Atomen fortfliegen. Als solche Nebenprodukte der Umwandlung hat man bisher Protonen, α-Teilchen, Neutronen und Positronen beobachtet.

Die beste Methode, deren man sich zum Nachweis der „Trümmer" bedient, ist die Aufnahme mittels der WILSON-Kammer. Aus den Photographien ersieht man unmittelbar die Reichweite der fortfliegenden Trümmer, deren Kenntnis für die Beurteilung des Umwandlungsvorganges von ausschlaggebender Bedeutung ist. Ebenfalls sehr verläßlich, aber unbequem ist die auch schon erwähnte Szintillationsmethode.

Eine weitgehende Verwendung finden auch elektrische Methoden, die sich auf das Phänomen der sogenannten Stoßionisation gründen. Es ist eine bekannte Erscheinung, daß bei geringem Gasdruck und einem starken elektrischen Felde frisch entstandene Ionen durch Stoß selbst wieder ionisierend wirken und daß auf diese Weise Ionisationsströme, die an sich zur Messung zu schwach wären, bis auf das Hunderttausendfache vergrößert und so meßbar gemacht werden können. Als sehr praktisch hat sich das Verfahren erwiesen, die Ionisationsstöße mittels einer Elektronenröhre (wie solche aus der Radiotechnik bekannt sind) zu verstärken, und mittels einer Relais-Vorrichtung automatisch auf einem Streifen zu registrieren, der durch ein Uhrwerk in gleichmäßig fortlaufende Bewegung versetzt ist. Abb. 21 zeigt als Beispiele Aufzeichnungen von Ionisationsstößen, die durch α-Teilchen, Protonen und Neutronen hervorgerufen wurden; innerhalb der Teilfiguren gelangt in der verschiedenen Länge der registrierten Ausschläge die Verschiedenheit der Energie der Teilchen zum Ausdruck.

Zu den Partikeln, die bei einer Grundstoffumwandlung fortgeschleudert werden, gehören möglicherweise — die Frage ist noch keineswegs geklärt — auch die hypothetischen Teilchen, für die sich der Name Neutrino eingebürgert hat; sie sollen gleich den Neutronen ungeladen sein und jedesfalls eine viel kleinere Masse als diese haben. Vieles spricht für die Vermutung, daß im Falle ihrer Existenz ihre Ruhemasse null ist und sie nur dadurch Energie und Impuls aufweisen, daß sie gleich den Lichtquanten mit Lichtgeschwindigkeit bewegt sind.

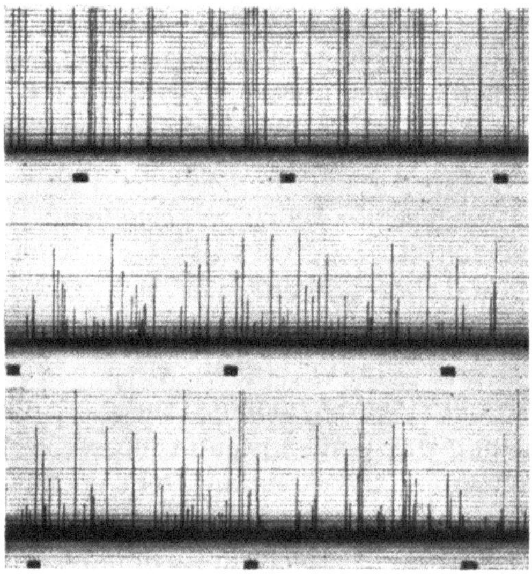

Abb. 21. Registrierung von Atomtrümmern nach J. R. DUNNING. a. Alphateilchen von Polonium; b. Protonen von Aluminium-Polonium; c. Neutronen von Beryllium-Radiumemanation (aus Physical Review, vol. 45).

Den Anlaß zu der Hypothese des Neutrino gaben Beobachtungen über die β-Emission radioaktiver Substanzen. Die Erfahrung zeigt, daß die kinetische Energie der fortgeschleuderten, als β-Teilchen bezeichneten Elektronen Werte aufweist, die über ein ziemlich weites Intervall kontinuierlich bis zu einer oberen Grenze verteilt sind. Bezeichnen wir diese Grenze mit E^*, so entspricht nach den Beobachtungen der Quotient aus E^*

und dem Quadrate der Lichtgeschwindigkeit tatsächlich im Sinne des Prinzips der Eigenenergie genau dem Massenunterschied, den ein Atom des durch den β-Zerfall entstandenen Umwandlungsproduktes gegenüber einem Atom der Ausgangssubstanz aufweist.

Da aber E*, wie gesagt, nur die obere Grenze darstellt, so würde, wenn E ein beliebiger, beobachteter Energiewert (natürlich kleiner als die obere Grenze E*) ist, das betreffende Elektron die Energie E* — E einbüßen, ohne daß es irgendwie ersichtlich wäre, wohin die verlorene Energie gekommen ist. Wenn man also nicht annehmen will, daß die Atomkerne einer und derselben radioaktiven Substanz untereinander wesentliche Verschiedenheiten aufweisen, fühlt man sich, wie zuerst BOHR hervorhob, zu der Annahme verleitet, daß für den β-Zerfall und vielleicht überhaupt für das atomare Geschehen der Energiesatz nicht gelte.

Erst PAULI wies auf die Möglichkeit einer Deutung hin, bei der das fundamentale Prinzip der Erhaltung der Energie gerettet wird. Er sprach nämlich die Vermutung aus, daß bei dem Zerfall des radioaktiven Atoms außer dem β-Teilchen überdies noch ein in elektrischer Hinsicht neutrales Teilchen von sehr kleiner Masse und sehr großem Durchdringungsvermögen emittiert wird. In der kinetischen Energie des derart fortgeschleuderten, aber wegen des Fehlens einer Ladung kaum nachweisbaren „Neutrino" wäre die Differenz E* — E enthalten, ohne zum Vorschein zu kommen. Ein experimenteller Nachweis des Neutrino, das im Falle seiner Existenz natürlich bei Grundstoffumwandlungen aller Art eine Rolle spielen könnte, ist bisher begreiflicherweise nicht gelungen.[6] Völlig hypothetisch ist zur Zeit auch noch die Existenz eines aus manchen Gründen vermuteten negativen Protons, das in ähnlicher Weise dem bekannten Proton als „Spiegelbild" entsprechen würde wie das Positron dem Elektron.[7]

Für die feinere Theorie der Grundstoffumwandlungen ist auch die Frage der magnetischen Eigenschaften der materiellen Urteilchen von großer Wichtigkeit. Im Jahre 1925 haben zwei holländische Physiker, UHLENBECK und GOUDSMIT, aus der Untersuchung der optischen Spektren die für die moderne Atomphysik ungemein bedeutungsvolle Erkenntnis gewonnen, daß man den Elektronen die Eigentümlichkeiten kleiner Magnete zuschreiben muß. Dies ist, wie UHLENBECK und GOUDSMIT erkannten, darauf zurückzuführen, daß die Elektronen eine Rotation um eine Achse ausführen. Dieser Rotation entspricht ein bestimmter mechanischer Drehimpuls, und wenn man als Einheit des Drehimpulses das durch 2π dividierte elementare Wirkungsquantum wählt, so ergibt sich aus den Gesetzmäßigkeiten der Spektren der Drehimpuls eines Elektrons, sein sogenannter Spin (wie er mit dem kurzen englischen Worte auch genannt wird), zu $\frac{1}{2}$.

Wie nun später MOTT durch wellenmechanische Überlegungen erkannte, spielt der Spin kleinster Materieteilchen eine wesentliche Rolle, wenn solche Materieteilchen an ihresgleichen gestreut werden. So boten Beobachtungen über die Streuung von Protonen bei dem Durchgang durch Wasserstoffgas sowie von α-Teilchen bei dem Durchgang durch Heliumgas die Möglichkeit, den Spin dieser beiden Arten elementarer Partikeln festzustellen.[8] Für das Proton ergab sich derselbe Spin wie für das Elektron, also $\frac{1}{2}$, für das α-Teilchen hingegen der Spin Null. Ebenso wie das α-Teilchen ist, wie man aus spektroskopischen Beobachtungen ersah, auch das Deuton spinlos. Hinsichtlich des Spins des Neutrons konnte bisher noch keine sichere Erkenntnis gewonnen werden.[9]

Vierter Vortrag.

Die Ergebnisse der Atomzertrümmerung.

Unter den vielen Grundstoffumwandlungen, die die experimentelle Physik bereits herbeiführen und untersuchen konnte, nehmen diejenigen der allerleichtesten Elemente eine ausgezeichnete Stellung ein. Bei ihnen ist wegen des einfachen Aufbaus ihrer Kerne und der geringen Zahl von Möglichkeiten am ehesten Klarheit über die Natur der eintretenden Kernreaktionen zu gewinnen; so konnten diese in der Tat in verschiedenen Fällen nicht nur qualitativ, sondern auch quantitativ eingehend erforscht werden.

Durch besondere Übersichtlichkeit sind die Erscheinungen ausgezeichnet, die sich bei der Zertrümmerung von Lithium durch Wasserstoffstrahlen der Beobachtung darbieten, und darum mögen diese Experimente gleich am Anfang erörtert werden, obwohl ihnen zeitlich bereits durch mehr als ein Jahrzehnt Untersuchungen an schwereren Elementen vorangegangen waren. Die Umwandlung des Lithiums unter der Einwirkung künstlicher Wasserstoffstrahlen wurde, wie schon erwähnt, von COCKCROFT und WALTON im Jahre 1932 entdeckt. Sie stellten dabei fest, daß von Lithiumatomen, die unter Einwirkung von Protonen stehen, α-Teilchen fortgeschleudert werden.

Den Nachweis führten COCKCROFT und WALTON bei ihren ersten Versuchen mittels einer Ionisierungskammer, in die sie die fortgeschleuderten Atomtrümmer treten ließen. Die Kammer hatte nur eine Dicke von 3 mm, so daß die Trümmer sie völlig durchquerten, wobei jedes der Teilchen einige tausend Ionenpaare erzeugte. Durch die Ionisierung wurden in einem äußeren Stromkreis schwache Impulse hervorgerufen, diese aber durch eine geeignete Vorrichtung so verstärkt, daß ein Elektrometer meßbare Ausschläge zeigte. In den Weg der Trümmer brachten nun COCKCROFT und WALTON dünne Glimmerblättchen, unter deren Einfluß sich der Elektrometerausschlag verringerte. Es ergab sich eine bestimmte Kurve, die die Größe des Ausschlags in ihrer Abhängigkeit von der

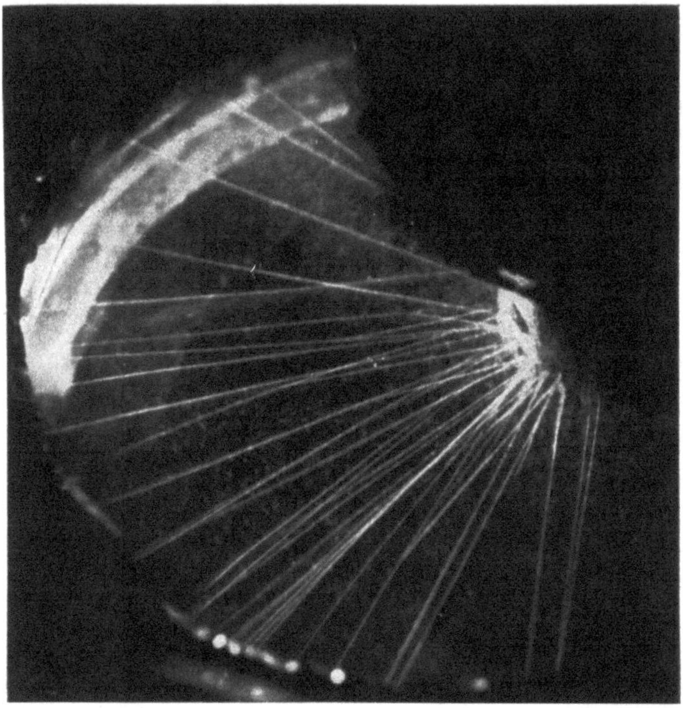

Abb. 22. Zertrümmerung von Lithiumkernen durch Protonen (nach F. KIRCHNER, aus Physikal. Zeitschrift, Verlag S. Hirzel, Leipzig, Bd. 34).

Dicke der Glimmerblätter[1] wiedergab. COCKCROFT und WALTON erhielten nun ganz dieselbe Kurve, wenn sie statt der Atomtrümmer durch die Ionisierungskammer α-Strahlen sandten, während bei einem Ersatz der Trümmer durch Protonen eine andere Kurve resultierte.

Später ist es KIRCHNER in München gelungen, mittels der WILSON-Kammer die Spuren der bei der Lithium-Umwandlung fortfliegenden Atomtrümmer direkt zu photographieren und derart auch ihre Reichweite zu messen (vgl. Abb. 22). Einige Bilder ließen es auch unmittelbar erkennen, wie von einem Lithium-Atom paarweise und in nahezu entgegengesetzten Richtungen Teilchen gleicher Reichweite fortfliegen (vgl. Abb. 23).

Aus diesen Photographien geht deutlich hervor, daß bei der Umwandlung eines Lithium-Atoms unter der Einwirkung eines Protons zwei α-Teilchen frei werden. Da nun das häufigere Lithium-Isotop die Masse 7, das Proton die Masse 1 und ein α-Teilchen die Masse 4 hat, andererseits die Ladung für den Lithiumkern 3, für das Proton 1 und für ein α-Teilchen 2

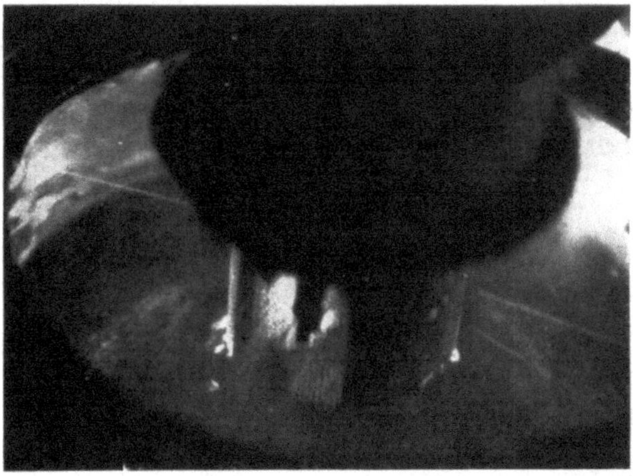

Abb. 23. Fortschleuderung eines Paars von α-Teilchen nach entgegengesetzten Richtungen aus einem zertrümmerten Lithiumkern (nach F. KIRCHNER aus Sitz.-Ber. Bayr. Akad. d. Wiss. 1933).

beträgt, so ergibt sich ganz naturgemäß die Annahme, daß die „Einfangung" des Protons durch den Lithiumkern dessen Zerfall in zwei α-Teilchen zur Folge hat. Beschreiben wir die Umwandlung durch eine chemische Reaktionsformel, wobei wir jeden Stoff (auch das Geschoß) durch einen unteren, die Kernladungszahl darstellenden, und einen oberen, die Massenzahl angebenden Index kennzeichnen [2], so ergibt sich also für die Lithium-Umwandlung die Formel

$$_3Li^7 + {}_1H^1 \rightarrow 2\,{}_2He^4.$$

In dieser Formel ist in der Tat für die unteren und oberen Indices auf beiden Seiten die Summe gleich, nämlich 4 für die unteren und 8 für die oberen.

Wenn wir in der Formel nach Tabelle III die genauen Atomgewichte von Li^7 (7,0146), H^1 (1,00778) und He^4 (4,00216) einsetzen [3], so finden wir, daß die Reaktion einen scheinbaren Massendefekt von 0,0181 (in Atomgewichtseinheiten) ergibt. Nach dem im ersten und zweiten Vortrag erörterten Prinzip der Eigenenergie der Materie entspricht nun 0,001 Atomgewichtseinheiten ein Energiebetrag von 940 ekV. Nach dem Satze von der Erhaltung der Energie muß also ein dem erwähnten scheinbaren Massendefekt äquivalenter Betrag von 17 Millionen Elektron-Volt frei werden.

Die Reichweite der vom Lithium fortgeschleuderten α-Teilchen wurde nun bereits von COCKCROFT und WALTON zu 8,4 cm bestimmt, und zwar als ziemlich unabhängig von der Energie der als Geschosse dienenden Protonen. Aus der Physik der radioaktiven Erscheinungen ist es wohl bekannt, daß α-Teilchen dieser Reichweite eine kinetische Energie von 8,6 eMV besitzen. Ein Paar von α-Teilchen hat also in der Tat eine kinetische Energie, die dem vorhin angegebenen Massendefekt des Umwandlungsprozesses äquivalent ist. Die kinetische Energie des Protons (bei den Versuchen nur einige hunderttausend eV) kann begreiflicherweise neben derjenigen der α-Teilchen vernachlässigt werden, und scheinbar ist auch die innere Energie, die den Lithiumkern zusammenhält, vernachlässigbar. So bieten die Beobachtungen über die Zertrümmerung des Lithiums auch eine vortreffliche empirische Bestätigung des Satzes von der Eigenenergie.

Bei den ersten Versuchen benutzten COCKCROFT und WALTON Protonenstrahlen von 125 ekV aufwärts; sie stellten fest, daß die Zahl der ausgesandten α-Teilchen mit zunehmender Protonenenergie nahezu exponentiell wuchs. Andererseits konnten OLIPHANT und RUTHERFORD die α-Emission des Lithiums bis zu Protonenenergien von 30 ekV hinab verfolgen, DÖPEL sogar bis zu 10 ekV. Bei einer Energie von 200 ekV kann man annehmen, daß unter ungefähr 100 Millionen Protonen eines in einen Lithiumkern eindringt; bei einer Energie von 20 ekV dürfte es nur eines unter 10^{15} Protonen sein. Sehr bedeutungsvoll ist die Feststellung von HENDERSON, daß bei einer Energie von 400 000 eV aufwärts die Fähigkeit zur Zertrümmerung eines Lithiumkernes von der Protonenenergie unabhängig ist (und zwar aus wellenmechanischen Gründen). Daß dann mit zunehmender Energie die Ausbeute noch weiter wächst, erklärt sich nur daraus, daß ein Proton um so tiefer eindringt und um so mehr Lithiumatome durchquert, je rascher es ist.

Sehr starke Zertrümmerungseffekte zeigt Lithium auch bei dem Bombardement durch Deutonen. Dies stellten zuerst LAWRENCE, LIVINGSTON und LEWIS in Berkeley fest, die mittels ihres schon beschriebenen Apparates Strahlen von

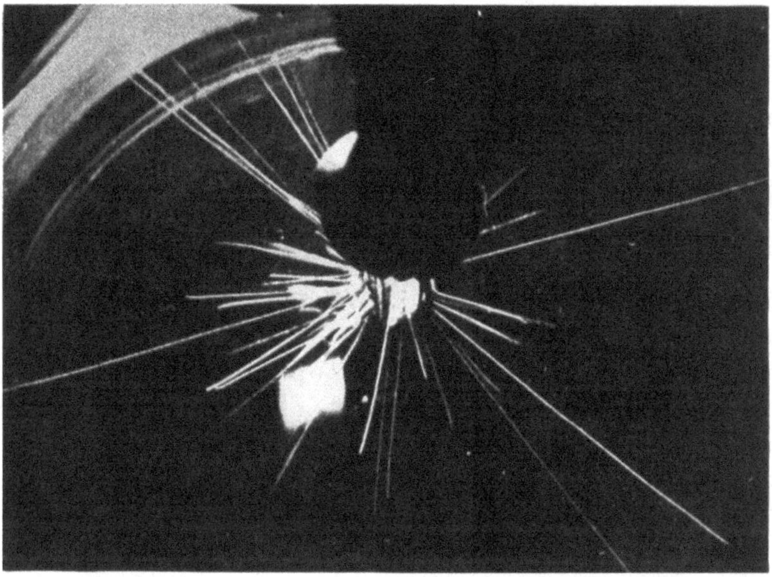

Abb. 24. Zertrümmerung von Lithiumkernen durch Deutonen (nach DEE und WALTON aus Proceedings of the Royal Society, London).

über einer Million Elektron-Volt auf Lithium richteten. Genauere Versuche wurden dann vor allem in Cambridge (England) von DEE und WALTON angestellt, denen z. B. die schöne, in Abb. 24 wiedergegebene WILSON-Aufnahme zu danken ist.

Bei der Einwirkung von Deutonen auf Lithium wurde ebenfalls α-Emission beobachtet und für die wegfliegenden α-Teilchen eine Reichweite von 13,2 cm festgestellt; dies entspricht einer Energie von 11,5 eMV. Nimmt man in naheliegender Weise an, daß diese Umwandlung die Atome des weniger häufigen Lithium-Isotops von der Masse 6 betrifft, so gelangt man zu der Reaktionsformel

$$_3Li^6 + {}_1H^2 \rightarrow 2\,{}_2He^4.$$

Aus den genauen Atomgewichten des Li^6 (6,0145), des schweren Wasserstoffs (2,0136) und des He^4 (4,0022) folgt ein Massendefekt von 0,0237 Atomgewichtseinheiten, der 23 eMV entspricht, also tatsächlich der empirisch festgestellten kinetischen Energie eines Paares von α-Teilchen.

Die bisher besprochenen Kernreaktionen zwischen Lithium und Wasserstoff stellen nur zwei unter vier möglichen dar; denn es sind natürlich auch dann Umwandlungen zu erwarten, wenn ein Proton in einen Li^6-Kern oder ein Deuton in einen Li^7-Kern eindringt. In der Tat wurden bei der Einwirkung von H-Strahlen auf Lithium neben den besprochenen „normalen" Trümmern von 8,4 und 13,2 cm auch noch andere Trümmergruppen von geringerer Reichweite beobachtet, und zwar sowohl bei dem Bombardement mit Protonen als auch bei demjenigen mit Deutonen. Eine eindeutige Zuordnung dieser „abnormalen" Trümmer, wie man sie zunächst nannte, wurde aber erst möglich, seit 1934 OLIPHANT, SHIRE und CROWTHER die Lithium-Isotope trennen und ganz dünne Blättchen herstellen konnten, die entweder nur das eine oder das andere der beiden Isotope enthielten; gegen diese Blättchen richteten sie dann entweder Protonen- oder Deutonen-Strahlen und konnten derart jede der vier möglichen Reaktionen gesondert untersuchen.

Die Experimente von OLIPHANT und seinen Mitarbeitern bestätigten zunächst, daß es in der Tat das Isotop 7 ist, das unter der Einwirkung von Protonen die α-Teilchen von 8,4 cm Reichweite aussendet, während die Trümmer von 13,2 cm unter dem Einfluß von Deutonen von dem Isotop 6 ausgehen. Die Versuche ließen aber auch erkennen, daß die schon früher bei dem Bombardement mit Protonen festgestellten Trümmergruppen von 1,15 und 0,68 cm Reichweite dem Li^6 zugeschrieben werden müssen. Diese Feststellung führte zu der Vermutung folgender Kernreaktion:

$$_3Li^6 + {}_1H^1 \rightarrow {}_2He^4 + {}_2He^3.$$

Die Annahme eines sonst unbekannten Helium-Isotops von der Masse 3, also von α-Teilchen, die nur $^3/_4$ der normalen Masse aufweisen, mag an sich natürlich etwas willkürlich erscheinen; sie ist jedoch durch die Tatsache bestätigt, daß in den Photographien Spuren von 1,15 und 0,68 cm paarweise kombiniert auftreten, daß beide Spuren dasselbe Ionisierungsvermögen zeigen, wie es von α-Teilchen her bekannt ist, und daß schließlich, wie man aus dem Verhältnis der beiden Reichweiten erkennt, die kinetischen Energien sich zueinander so verhalten, wie es unter der Annahme gleichen Impulses bei einem Massenverhältnis von 3:4 zu erwarten ist.[4]

Bezeichnen wir das unbekannte Atomgewicht des Helium-Isotops 3 mit x, und setzen wir die bekannten Atomgewichte von Li^6, H^1 und He^4 in die letzte Reaktionsformel ein, so finden wir auf Grund der Sätze von der Eigenenergie und der Erhaltung der Energie

$$x = 6{,}0145 + 1{,}0078 - 4{,}0022 - \Delta m,$$

wobei Δm das in Atomgewichtseinheiten ausgedrückte Massenäquivalent der kinetischen Energie eines Paares von α-Teilchen von den Reichweiten von 1,15 und 0,68 cm bedeutet. Für Δm ergibt sich aus den empirisch bekannten Reichweiten (einer Energie von 9,00 eMV entsprechend) 0,0096, und hieraus folgt für das Atomgewicht des Helium-Isotops von der Masse 3 der Wert 3,0105. Während bis zu dem Jahre 1934 überhaupt keine Grundstoffart von der Masse 3 bekannt war, brachte so dieses Jahr die fast gleichzeitige Entdeckung zweier isobarer Arten dieser Massenzahl, nämlich eine sehr seltene Wasserstoff- und eine sehr seltene Helium-Art.

Für die ebenfalls experimentell festgestellte Einwirkung von Deutonen auf ein aus Lithium 7 bestehendes Blättchen ist offenbar folgende Reaktionsformel anzunehmen

$${}_3Li^7 + {}_1H^2 \rightarrow 2\,{}_2He^4 + {}_0n^1,$$

wobei n das Symbol für ein Neutron (Ladung 0, Masse 1) ist. Auf diese Reaktion ist wohl die schon früher bei dem Bombardement mit Deutonen beobachtete Gruppe von α-Teilchen zurückzuführen, deren Reichweiten kontinuierlich mit einer oberen Grenze von 7,8 cm verteilt sind. Die Kontinuität der Verteilung erklärt sich dabei aus dem Umstande, daß von dem umgewandelten Lithium-Atom drei Trümmer fortfliegen und daher die kinetische Energie nicht wie bei zwei Trümmern eindeutig festgelegt ist.

Unter der Einwirkung von Deutonen werden, wie die Experimente zeigen, von Lithium 6 auch Protonen emittiert, vermutlich wohl als Folge der Reaktion:

$$_3Li^6 + {_1H^2} \rightarrow {_3Li^7} + {_1H^1}.$$

Neben den Umwandlungen, die durch Protonen und Deutonen herbeigeführt sind, kennt man bei Lithium auch noch eine Transformation, bei der es unter der Einwirkung von

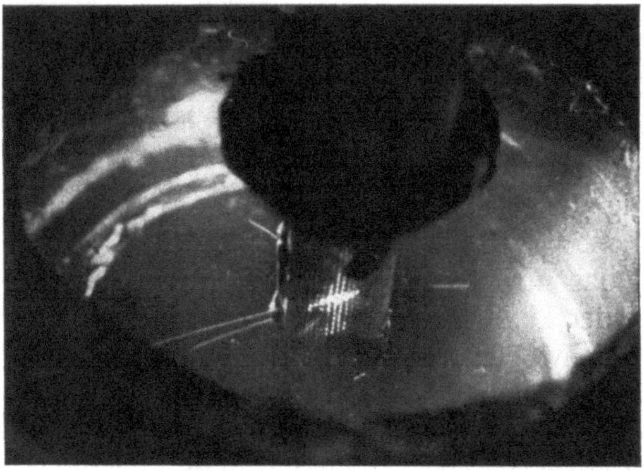

Abb. 25. Gleichzeitige Emission von drei α-Teilchen aus einem zertrümmerten Borkern (nach F. KIRCHNER aus Naturwissenschaften, Verlag Springer, Berlin, Bd. 21).

α-Teilchen zu einer Emission von Neutronen kommt. Die Reaktion geht dabei offenbar nach der Formel vor sich:

$$_3Li^7 + {_2He^4} \rightarrow {_5B^{10}} + {_0n^1}.$$

Hinsichtlich der Kernumwandlungen weist eine weitgehende Ähnlichkeit mit dem Lithium das nächsthöhere ungerade Element, das Bor, auf. Auch bei Bor wird unter der Einwirkung von Protonenstrahlen ein Umwandlungsprozeß beobachtet, der als Produkte lediglich α-Teilchen liefert; der Bor-Kern zerfällt in drei α-Teilchen, offenbar gemäß der Reaktionsformel

$$_5B^{11} + {_1H^1} \rightarrow 3\ {_2He^4}.$$

Aus dem bekannten Isotopengewicht von B^{11} und den beiden anderen, schon öfter benutzten Atomgewichten ergibt sich als Folge der Umwandlung ein Massendefekt von 0,012, was einer Energie von 11 eMV entspricht. Der am häufigsten beobachtete Energiewert entspricht tatsächlich dem Falle einer gleichmäßigen Aufteilung dieser 11 Millionen Elektron-Volt auf drei Teilchen; es handelt sich dabei um die der Energie von $3^1/_2$ eMV zuzuordnende Reichweite von 3,5 cm. Die Bahnen der drei fortgeschleuderten α-Teilchen schließen in der Tat, wie KIRCHNERs schöne, in Abb. 25 wiedergegebene Photographie beweist, untereinander Winkel von ungefähr 120° ein.

Bei der Zertrümmerung des Bors durch Protonen wird, wie deutlich die von KIRCHNER herrührenden Abb. 26 und 27

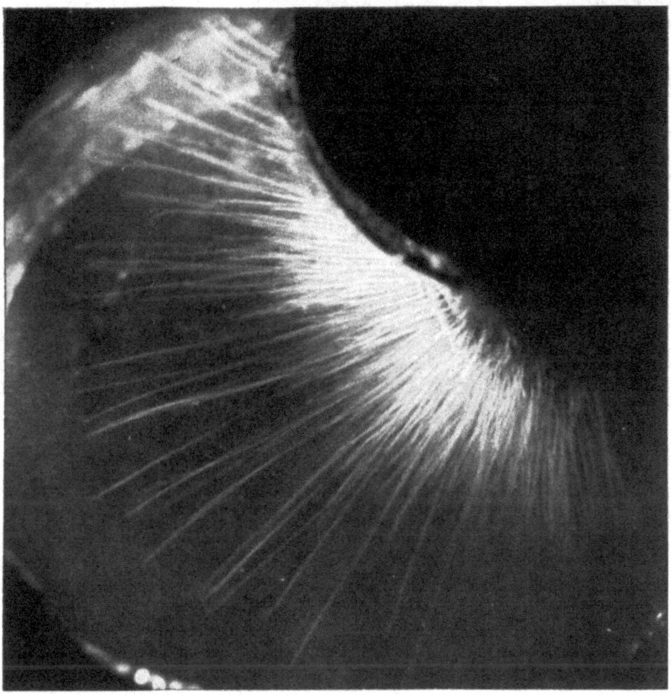

Abb. 26. Zertrümmerung von Borkernen durch Protonen (nach F. KIRCHNER aus Physikal. Zeitschrift, Bd. 34).

zeigen, eine kontinuierliche Verteilung der Reichweite beobachtet, woraus man schließen muß, daß außer der angegebenen auch beliebige andere Arten der Aufteilung der frei werdenden Energie möglich sind. Als maximale und ziemlich häufig vertretene Reichweite wurde eine solche von $4^1/_2$ cm festgestellt, deren befriedigende theoretische Deutung jedoch noch aussteht.[5]

Unter der Einwirkung von Deutonen sendet Bor ebenfalls α-Teilchen aus, und zwar solche von enormen Reichweiten bis zu 15 cm, was kinetischen Energien bis zu 12,3 Millionen Elektron-Volt entspricht. Die α-Emission unter dem Einfluß von Deutonen ist offenbar — ähnlich wie bei Lithium —

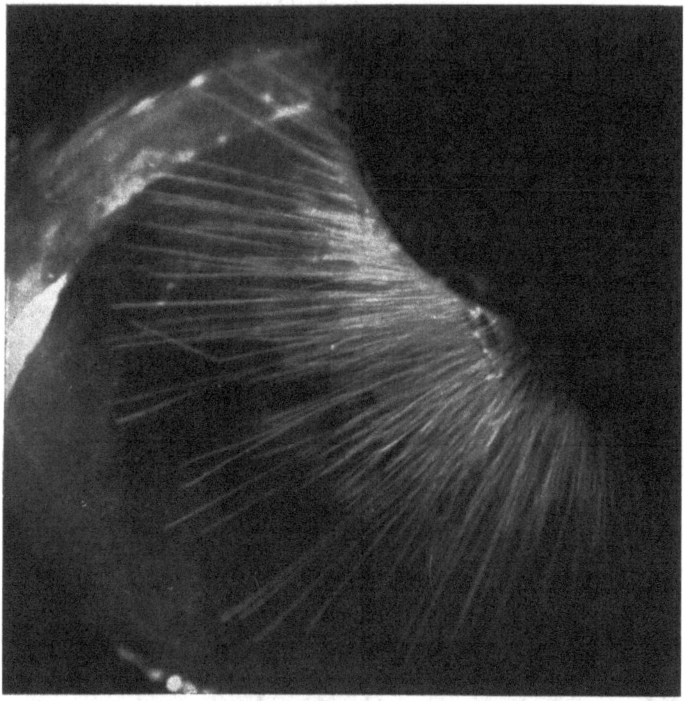

Abb. 27. Zertrümmerung von Borkernen durch Protonen (nach F. KIRCHNER aus Physikal. Zeitschrift, Bd. 34).

dem leichteren der beiden Isotope zuzuschreiben, gemäß der Formel

$$_5B^{10} + _1H^2 \rightarrow 3\ _2He^4.$$

Durch Einsetzen der bekannten Werte der drei Atomgewichte errechnet man, daß bei dieser Umwandlung Energie im Betrage von rund 20 eMV frei wird, was die erwähnten gewaltigen Reichweiten erklärt. Unter der Einwirkung von Deutonen nimmt man übrigens bei Bor auch eine Protonenemission wahr; sie ist — ähnlich wie der analoge Vorgang bei Lithium — wohl auf eine Verwandlung eines Bor-Atoms von der Masse 10 in eines von der Masse 11 zurückzuführen, gemäß der Formel

$$_5B^{10} + {}_1H^2 \rightarrow {}_5B^{11} + {}_1H^1.$$

Wenn Bor von α-Teilchen getroffen wird, so beobachtet man — wiederum ähnlich wie bei Lithium — eine Emission von Neutronen. Wahrscheinlich handelt es sich dabei um eine Umwandlung des Bor- in einen Stickstoff-Kern gemäß der Reaktionsformel

$$_5B^{11} + {}_2He^4 \rightarrow {}_7N^{14} + {}_0n^1.$$

Für die Richtigkeit dieser Formel spricht — abgesehen davon, daß ein stabiles N^{13}-Isotop nicht bekannt ist [6] — auch die Tatsache, daß umgekehrt Stickstoff bei Bombardement mit Neutronen α-Teilchen emittiert.

Das Element, das in der Grundstoffreihe mit der geraden Ordnungszahl 4 die Stelle zwischen Lithium und Bor einnimmt, das Beryllium (im Französischen auch Glucinium genannt), ist durch eine besonders starke Neutronenemission ausgezeichnet, die unter der Einwirkung von α-Teilchen oder Deutonen beobachtet wird. Schon CHADWICK stellte bei seinen Experimenten, die zu der Entdeckung des Neutrons führten, fest, daß die durch α-Strahlen herbeigeführte Umwandlung des Beryllium-Kerns mit einer außerordentlichen Energieentwicklung verbunden ist. Während die von Bor emittierten Neutronen nur eine Höchstenergie von $3\frac{1}{2}$ eMV aufweisen und die von Lithium ausgesandten nicht einmal eine Million Elektron-Volt erreichen, schleudert, wie schon früher erwähnt, Beryllium Neutronen mit einer durchschnittlichen Energie von 5 eMV und Höchstenergien bis über 14 eMV fort.

Die Neutronenemission des Berylliums erfolgt vermutlich nach der Reaktionsformel

$$_4Be^9 + {}_2He^4 \rightarrow {}_6C^{12} + {}_0n^1.$$

Wie schon erwähnt wurde, kommen hierbei auf eine Million auftreffender Teilchen ungefähr 30 emittierte Neutronen. Auch unter der Einwirkung von Deutonenstrahlen wurde die Aussendung von Neutronen durch Beryllium beobachtet; wahrscheinlich gilt hierfür die Reaktionsformel:

$$_4Be^9 + {}_1H^2 \rightarrow {}_5B^{10} + {}_0n^1.$$

Vielleicht die interessanteste unter allen bisher bekannt gewordenen Kernreaktionen ist diejenige, die durch die Einwirkung von Deutonen auf schweren Wasserstoff hervorgerufen wird und die 1934 von OLIPHANT, HARTECK und RUTHERFORD entdeckt wurde. Die Reaktion ist deshalb besonders bemerkenswert, weil an ihr nicht wie an den bisher besprochenen Umwandlungen vier oder drei Elemente beteiligt sind, sondern nur ein einziger Grundstoff, nämlich Wasserstoff, allerdings in drei verschiedenen, isotopen Modifikationen.

Gegenstand der Untersuchung waren bei diesen Experimenten solche Wasserstoffverbindungen, in denen weitgehend die gewöhnlichen H^1-Atome durch H^2-Atome, also sogenannte D-Atome, ersetzt waren; es waren vor allem Ammoniumchlorid (ND_4 Cl) und Ammoniumsulphat ($(ND_4)_2$ SO_4). Wurden diese Stoffe mit gewöhnlichen Protonenstrahlen bombardiert, so zeigte sich ebensowenig ein merklicher Effekt, wie wenn die Strahlen auf gewöhnliche Wasserstoffverbindungen gerichtet wurden. Wurden aber die D-Verbindungen der Einwirkung von Deutonen ausgesetzt, so offenbarte sich eine sehr intensive Emission von ungemein raschen Protonen, die eine Reichweite von 14,3 cm, entsprechend 3 eMV, aufwiesen. Neben dieser weitreichenden Trümmergruppe war aber überdies, und zwar in gleicher Anzahl eine Gruppe von nur 1,6 cm Reichweite beobachtbar. Später hat DEE durch photographische Aufnahmen (Abb. 28) zeigen können, daß die Teilchen der beiden Gruppen paarweise in entgegengesetzten Richtungen fortgeschleudert werden, was deutlich darauf hinweist, daß sie beide durch denselben Prozeß entstehen.

Steht nun auf der linken Seite der Reaktionsformel zweimal D, also zweimal ${}_1H^2$ und steht auf der rechten Seite neben einem weiteren Glied das Symbol des tatsächlich beobachteten Protons von 14,3 cm, so kann, weil die Summe der oberen sowie der unteren Indices auf beiden Seiten gleich sein muß, das andere Glied nur ${}_1H^3$ sein. Die Reaktionsformel muß somit die Gestalt haben

$$D + D \rightarrow {}_1H^1 + {}_1H^3.$$

Wenn diese Formel richtig ist, muß nach dem Satze von der Erhaltung des Impulses die Geschwindigkeit des schweren Teilchens ein Drittel der Geschwindigkeit des Protons betragen. Da die kinetische Energie durch das halbe Produkt aus Masse und Geschwindigkeitsquadrat bestimmt ist, muß daher auch die kinetische Energie des dreimal schwereren Teilchens ein Drittel der Energie des Protons sein, also nach dem früher Gesagten 1 eMV betragen. Aus dieser Energie und der dreifachen Masse berechnet sich nun die Anfangsgeschwindigkeit des schwereren Teilchens zu 8.10^8 cm/sec. Ein Proton dieser Geschwindigkeit würde, wie aus anderweitigen Beobachtungen bekannt ist, eine Reichweite von 5,8 mm haben. Das H^3-Teilchen sollte, entsprechend der dreimal größeren Masse, eine dreimal so große Reichweite, also eine von etwa

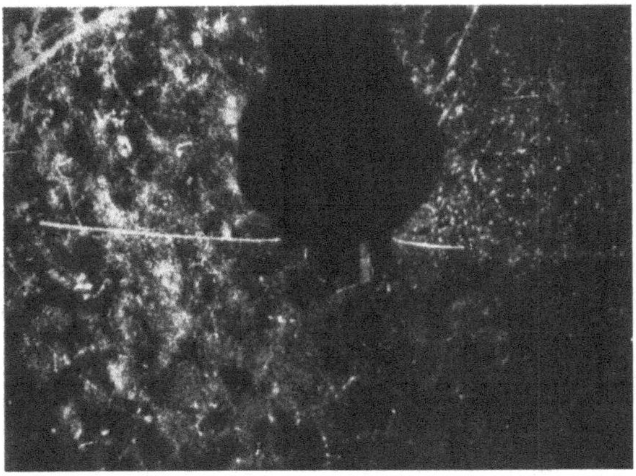

Abb. 28. Zertrümmerung eines Deutons durch ein Deuton (nach DEE aus Nature, vol. 133).

1,7 cm haben. Die tatsächliche Beobachtung dieser Reichweite stellt natürlich eine überzeugende Bestätigung der angenommenen Reaktionsformel dar.

Proton und H^3-Teilchen haben bei der betrachteten Umwandlung zusammen eine Energie von 4 eMV. Subtrahieren wir das Massenäquivalent hiervon (0,0043) sowie das Atomgewicht von H^1 (1,0078) von dem doppelten Atomgewicht von D (2mal 2,0136), so erhalten wir als Atomgewicht von H^3 den Wert 3,0151.

Die Zahl der bei der „D+D-Reaktion" ausgesandten Teilchen ergibt sich als Funktion der Energie der auftreffenden Deutonen. Wenn es sich beiderseits um reines D handelt, so kann schätzungsweise angenommen werden, daß bei einer Energie von 100 ekV ungefähr ein Deuton unter je einer Million zertrümmernd wirkt.

Außer den beiden Gruppen von Protonen und H^3-Teilchen werden bei der D+D-Reaktion überdies auch in geringerer Zahl Neutronen beobachtet, die mit Energien bis zu 3 eMV fortgeschleudert werden. Ihrer Emission liegt offenbar die Reaktionsformel zugrunde

$$D + D \rightarrow {}_2He^3 + {}_0n^1.$$

Doch ist die Beobachtung der He^3-Trümmer hierbei bis jetzt (Anfang 1935) noch nicht gelungen, offenbar deshalb nicht, weil die Reichweite, wie sich theoretisch zeigen läßt, sehr klein sein muß und sich daher der Beobachtung entzieht.

Gerade diese Schwierigkeit der Wahrnehmung der He^3-Trümmer mag es aber gewesen sein, die zu einer der schönsten Entdeckungen auf dem Gebiete der Grundstoffumwandlungen führte. Im Sommer 1934 gelang es fünf Forschern in Princeton, nämlich BLEAKNEY, HARNWELL, LOZIER, SMITH und SMYTH, die Bildung des Heliums von der Masse 3 aus schwerem Wasserstoff in meßbarer Menge nachzuweisen und das neue Helium-Isotop in einwandfreier Weise zu identifizieren.

Zum Zwecke des Nachweises wurde schwerer Wasserstoff (Deuterium) stundenlang zur Zirkulation durch eine Entladungsröhre gebracht, in der bei einer Spannung von etwa 80 000 Volt ein Entladungsstrom von rund 10 Milliampere aufrechterhalten wurde. Bei der getroffenen Versuchsanordnung wirkten die Ionen des schweren Wasserstoffs auf diesen selbst zertrümmernd. Mittels geeigneter chemischer Reinigungsmethoden, die vielfach auf ältere Versuche von PANETH zurückgingen, konnte aus Proben, die nach mehrstündiger Entladung entnommen wurden, ein „Rückstand" isoliert werden, von dem man auf Grund der benutzten chemischen Verfahren und der Versuchsbedingungen wußte, daß er nur Helium und Neon enthalten konnte.

Aus einer Menge schweren Wasserstoffs, die, auf normalen Druck bezogen, einige Kubikzentimenter erfüllt (natürlich ein viel größeres Volumen bei der starken Verdünnung), konnte derart ein Rückstand in dem vorhin angegebenen Sinne von etwa 10^{-6} ccm gewonnen werden, wieder auf normalen Druck umgerechnet. Dieser Rückstand wurde nun massenspektroskopisch untersucht, wobei tatsächlich die Linie der Masse 3 zum Vorschein kam, während die Linie der Masse 4, die dem normalen Helium entspricht, fehlte (es sei denn, daß zum Zwecke der Kontrolle absichtlich vorher Helium dem schweren Wasserstoff zugefügt worden war). So erschien es erwiesen, daß sich aus schwerem Wasserstoff Helium bildet und dieses, im Gegensatz zu dem sonst bekannten Helium, ein Atomgewicht von nur 3 besitzt.

Bei späteren Versuchen ist es dann HARNWELL und SMYTH gemeinsam mit URRY gelungen, die Heliumproduktion des schweren Wasserstoffs auch auf optisch-spektroskopischem Wege nachzuweisen. Bei der Untersuchung des vorhin erwähnten Rückstandes waren sowohl die charakteristischen Linien des Heliumspektrums als auch diejenigen des Neon-Spektrums feststellbar. Aus einem Vergleich der Linienintensitäten ging aber auch hervor, daß nur ungefähr 10 % auf Neon entfielen, das als Verunreinigung aufzufassen war, und hieraus konnte wieder geschlossen werden, daß höchstens einige wenige Prozent des spektroskopisch nachgewiesenen Heliums auf Verunreinigungen beruhen konnten. Diese wenigen Prozent reichen eben nicht aus, um bei den massenspektroskopischen Aufnahmen neben der Linie des Atomgewichtes 3 auch noch diejenige des Atomgewichtes 4 zum Vorschein gelangen zu lassen.

Wie LADENBURG und SAMSON zeigen konnten, lassen weder das Helium-Isotop 3 noch das zugleich mit ihm in schwerem Wasserstoff bei Entladungen entstehende Wasserstoff-Isotop 3 irgend eine Spur von Radioaktivität erkennen. Wenn diese beiden Grundstoffarten überhaupt radioaktiv sein sollten, so kann ihre Halbwertzeit (vgl. den fünften Vortrag) nicht unterhalb von 10^8 Jahren liegen.

Ebenso wie H^3 ist auch He^3 in der Natur äußerst selten; aus massenspektroskopischen Untersuchungen ging hervor, daß in gewöhnlichem Helium das Isotop 3 keinesfalls stärker vertreten sein kann als im Verhältnis von 1 : 100000. Ferner konnte aus den Ergebnissen dieser Untersuchungen geschlossen werden, daß, woferne es ein weiteres Helium-Isotop von der

Masse 5 geben sollte, dieses höchstens im Verhältnis von Eins zu einer Million im Helium enthalten sein könnte.[7]

Da wohl angenommen werden kann, daß ein Deuton aus einem Proton und einem Neutron zusammengesetzt ist, wurde begreiflicherweise die Frage rege, ob nicht mittels geeigneter Verfahren Deutonen in diese beiden Bestandteile gespalten werden könnten. In der Tat ist dies im Sommer 1934 CHADWICK und GOLDHABER gelungen. Ihre Experimente sind auch deshalb sehr bedeutungsvoll, weil bei ihnen zum ersten Male eine Grundstoffumwandlung durch Photonen herbeigeführt wurde.

CHADWICK und GOLDHABER setzten schweren Wasserstoff der besonders harten γ-Strahlung des Thorium C″ aus, die, wie schon im ersten Vortrag erwähnt wurde, Photonen von 2,6 eMV enthält, und stellten eine sehr starke Protonenemission fest. Diesem Vorgang liegt offenbar folgende Kernreaktion zugrunde:

$$ {}_1D^2 + {}_0\varphi^0 \rightarrow {}_1H^1 + {}_0n^1. $$

Dabei bedeutet das Symbol φ das Photon, dem bei seiner Energie von 2,6 eMV ein „Atomgewicht“ von 0,0028 zuzuordnen ist.

Die fortgeschleuderten Protonen weisen hiebei eine Energie von 0,25 eMV auf, was wieder 0,0003 Atomgewichtseinheiten entspricht. Auf Grund der Reaktionsformel können wir also, indem wir die bekannten Atomgewichte von D und H sowie auf der linken Seite die Energie des Photons und auf der rechten diejenige des wegfliegenden Protons einsetzen, die Gleichung aufstellen

$$ 2{,}0136 + 0{,}0028 = 1{,}0078 + {}_0n^1 + 0{,}0003. $$

Mittels dieser Beziehung würde sich das unbekannte Atomgewicht des Neutrons, wie CHADWICK und GOLDHABER zeigen, zu 1,008 ergeben, mit einem Fehler von $\pm$ 0,0005.

Das Neutron wäre danach schwerer als das Proton, dessen Atomgewicht (als Differenz zwischen der Masse eines Wasserstoffatoms und eines Elektrons) 1,0073 beträgt. Da nach dem Satze von der Eigenenergie die Zusammenfügung zweier Teilchen infolge des Energieverbrauchs eine Massenverminderung bedeutet, wäre also nach CHADWICK und GOLDHABER das Neutron als Urteilchen anzusehen, hingegen das Proton als eine Zusammensetzung eines Neutrons und eines Positrons.

Läßt man auf schweren Wasserstoff die γ-Strahlung von Radium C einwirken, die (wie schon im ersten Vortrag erwähnt) nur eine Photonenenergie von 1,8 eMV aufweist, so tritt nur eine ganz schwache Protonenemission ein, auch dann, wenn die γ-Strahlung ebenso intensiv wie im Falle des Thorium C″ ist.

Subtrahieren wir von der Summe der Atomgewichte von Neutron und H^1 das Atomgewicht von D, so erhalten wir einen Massendefekt von 0,002, was ca. 2 Millionen Elektron-Volt entspricht. Dieser Betrag stellt offenbar die Bindungsenergie des Deutons dar; ein Betrag von 2 eMV muß daher auch umgekehrt zumindest aufgewendet werden, um ein Deuton zertrümmern zu können.

Hiermit stimmt auch überein, daß, wie LAWRENCE, LIVINGSTON und LEWIS zeigten, Deutonen, die eine Energie von ungefähr 3 eMV aufweisen, bei dem Auftreffen auf andere Kerne in je ein Proton und Neutron gespalten werden. Die genannten Forscher fanden, daß von den durch die Deutonen getroffenen Elementen Protonen mit einer kontinuierlichen Energieverteilung ausgehen und zwar bis zu einer auf Luft bezogenen Reichweite von 40 cm, und daß dabei die Ausbeute an Neutronen ungefähr mit derjenigen an Protonen übereinstimmt.

Unvergleichlich größer als die Bindungsenergie des Deutons erweist sich diejenige des Heliumkerns, wenn man sich ihn in naheliegender Weise aus zwei Deutonen zusammengesetzt denkt. Subtrahieren wir nämlich von dem doppelten Atomgewicht des Deuteriums (4,0272) das Atomgewicht des Heliums (4,0022), so finden wir einen Massendefekt von 0,0250, der ungefähr 25 eMV entspricht. Da der Experimentalphysik keine Projektile von derart enormer Energiekonzentration zur Verfügung stehen, wird es begreiflich, daß alle Versuche einer Umwandlung des Heliums vergeblich bleiben mußten. Bei dem Kern des Helium-Isotops von der Masse 3 könnte man eine Zusammensetzung aus Deuton und Proton annehmen; den Kern des dreifach schweren Wasserstoffs (H^3) kann man sich wiederum aus Deuton und Neutron zusammengesetzt denken.

Weit weniger als über die Zertrümmerung der bisher besprochenen leichtesten Elemente mit den Ordnungszahlen von 1 bis 5 ist über die Umwandlungen der nächst höheren Grundstoffe Nr. 6 bis 10 bekannt. Bei Kohlenstoff (Nr. 6) und Sauerstoff (Nr. 8) glauben wohl KIRSCH und PETTERSSON eine Zertrümmerung durch α-Teilchen zu beobachten, doch wird dieses Versuchsergebnis von anderen Forschern bestritten. Bei Fluor (Nr. 9) ist eine Zertrümmerung unter der Einwirkung von Protonen- oder Deutonenstrahlen wahrgenommen worden, und zwar unter Fortschleuderung von α-Teilchen; die Kernreaktion entspricht vermutlich der Formel

$$_9F^{19} + {}_1H^1 \rightarrow {}_8O^{16} + {}_2He^4$$

bzw.

$$_9F^{19} + {}_1H^2 \rightarrow {}_8O^{17} + {}_2He^4.$$

Mittels α-Strahlen konnten sowohl aus Stickstoff (Nr. 7) als auch aus Fluor (Nr. 9) und Neon (Nr. 10) Protonen ausgelöst werden.

Die Zertrümmerung der Stickstoffkerne durch α-Teilchen stellt die erste künstliche Grundstoffumwandlung dar, die überhaupt bekannt wurde; sie wurde bereits im Jahre 1919 durch RUTHERFORD entdeckt, der dabei an ältere Wahrnehmungen von MARSDEN und LANTSBERRY anknüpfte. Diese beiden Forscher hatten gefunden, daß ein mit Radium C überzogenes Nickelblech durch gewöhnliche Luft hindurch Szintillationen in einer Entfernung bis zu 40 cm erregte, was umso überraschender war, als selbst die durch Radium C in Wasserstoffgas erzeugten Protonenstrahlen nur eine Reichweite von 29 cm aufweisen.

RUTHERFORD, der diese merkwürdige Erscheinung näher untersuchte, fand, daß die Szintillationen ausblieben, wenn der Raum zwischen dem Radiumpräparat und dem Szintillationsschirm leer blieb oder mit Kohlensäure oder Sauerstoff erfüllt war; hingegen stieg die Zahl der Szintillationen, wenn in dem Zwischenraum die Luft durch reinen Stickstoff ersetzt wurde. Ferner konnte RUTHERFORD zeigen, daß die Teilchen, denen die entfernten Szintillationen zuzuschreiben waren, in demselben Grade wie Protonen magnetisch und elektrisch ablenkbar sind. Alle diese Beobachtungen führten RUTHERFORD schon 1919 zu der bedeutungsvollen Erkenntnis, daß durch α-Teilchen Stickstoffkerne unter Freiwerden von Protonen zertrümmert werden.

Spätere photographische Aufnahmen, die BLACKETT nach der WILSONschen Nebelkammer-Methode durchführte, bewiesen es, daß bei der Stickstoffzertrümmerung das α-Teilchen in dem getroffenen Kerne stecken bleibt; denn die Photographien (vgl. Abb. 29) zeigen neben der Spur des ankommenden Projektils noch als dünnen, längeren Zweig die Bahn des fortgeschleuderten Protons und als kürzeren, dickeren Zweig die Bahn des zurückgestoßenen Kernes; hingegen fehlt ein weiterer Zweig, der der Bahn des α-Teilchens nach bewirkter Zertrümmerung entsprechen würde. Die Stickstoffzertrüm-

Abb. 29. Zertrümmerung von Stickstoffkernen durch α-Teilchen (nach BLACKETT).

merung durch α-Strahlen genügt also offenbar der Reaktionsformel

$$_7N^{14} + {}_2He^4 \rightarrow {}_8O^{17} + {}_1H^1.$$

Die Photographien von BLACKETT ließen derart das Vorkommen einer Sauerstoffart von der Masse 17 bereits vor der tatsächlichen Entdeckung dieses seltenen Isotops vermuten.

Von den Elementen mit den Ordnungszahlen von 11 bis 19 sind als durch α-Teilchen leicht zertrümmerbar bekannt: Natrium (Nr. 11), Aluminium (Nr. 13) und Phosphor (Nr. 15). Bei diesen Grundstoffen wurde die Zertrümmerung durch die α-Teilchen des Radium C von RUTHERFORD entdeckt. Nach einer indirekten Methode stellten RUTHERFORD und CHADWICK auch die Zertrümmerbarkeit von Schwefel (Nr. 16), Chlor (Nr. 17), Argon (Nr. 18) und Kalium (Nr. 19) fest, und KIRSCH und PETTERSSON diejenige von Magnesium (Nr. 12) und Silicium (Nr. 14).

Insgesamt dreizehn Elemente, nämlich Nr. 5, 7 und ferner 9

bis 19 gelten heute als sicher durch α-Strahlen zertrümmerbar. Bei weiteren Grundstoffen wurden Umwandlungen durch α-Teilchen von KIRSCH und PETTERSSON in Wien sowie von deren Schülern beobachtet, doch geben bei denselben Elementen RUTHERFORD und CHADWICK und deren Schüler in Cambridge (England) negative Resultate an. Es handelt sich hierbei um die Elemente 3 Lithium, 4 Beryllium, dann, was besonders wichtig ist, 6 Kohlenstoff und 8 Sauerstoff; ferner um eine Reihe schwerer Elemente von höherer Ordnungszahl als 19, nämlich um 22 Titan, 24 Chrom, 26 Eisen, 29 Kupfer, 34 Selen, 35 Brom, 40 Zirkon, 50 Zinn, 52 Tellur und 53 Jod.[8]

In allen Fällen, in denen durch ein Bombardement mit α-Teilchen Protonen aus den getroffenen Atomkernen ausgelöst werden, bildeten naturgemäß die Probleme der Protonenausbeute sowie der Protonenenergie den Gegenstand eingehender experimenteller Untersuchungen. Die Ausbeute mißt man gewöhnlich durch die Zahl der Protonen, die durch je 10^8 α-Teilchen befreit werden, eine Zahl, die im allgemeinen in den Fällen deutlich erkennbarer Zertrümmerung zwischen etwa 5 und 150 liegt. Die Ausbeute ist umso größer, je größer die Reichweite der auftreffenden α-Teilchen ist; auch wächst die Reichweite der ausgelösten Protonen mit derjenigen der α-Teilchen. Es zeigt sich ferner, daß Elemente mit ungerader Ordnungszahl stets eine größere Reichweite als die beiden benachbarten geraden Grundstoffe aufweisen.

Im Falle des Aluminiums, bei dem der Vorgang der Atomzertrümmerung besonders genau studiert werden konnte, vermochte POSE die durch die α-Strahlen erzeugte Protonenemission in drei Gruppen aufzulösen.[9] Die Gruppe von geringster Reichweite, also geringster Energie zeigt das allgemeine Verhalten, indem die maximale Reichweite und die Ausbeute der Protonen mit zunehmender Reichweite der α-Strahlen ebenfalls wachsen. Hingegen weisen die beiden anderen Gruppen ganz bestimmte, konstante und zwar außerordentlich hohe Reichweiten auf, nämlich eine von 47 und eine von 58 cm. Dabei zeigt es sich, daß sie auch nur von α-Teilchen ganz bestimmter Reichweite, und zwar von 2,42 bzw. 3,33 cm ausgelöst werden.

Bei dieser merkwürdigen Erscheinung handelt es sich, wie

man auf Grund theoretischer Überlegungen erkannte, um einen sogenannten Resonanzeffekt. Er tritt dann ein, wenn die Energie des auftreffenden α-Teilchens mit einem Energieniveau des Kerns übereinstimmt.

Außer bei Aluminium konnte Kernresonanz auch bei Bor, Fluor, Magnesium und Stickstoff festgestellt werden; doch ist zur Zeit (Anfang 1935) die Frage der Kernresonanz noch keineswegs geklärt, zumal auch die experimentellen Ergebnisse verschiedener Forscher einander noch teilweise widersprechen.

Mit den Fragen der Atomzertrümmerung hängt enge auch die Erregung künstlicher Kern-γ-Strahlung zusammen. Am auffälligsten und mächtigsten offenbart sich diese Strahlung, wie schon früher erwähnt wurde und wie BOTHE und BECKER entdeckten, unter der Einwirkung von α-Strahlen bei Beryllium, ferner, wenn auch schwächer, bei Bor und Lithium. Kern-γ-Strahlung konnte unter der Einwirkung von α-Strahlen des Poloniums durch KARA-MICHAILOVA aber auch bei Natrium, Magnesium und Aluminium und in sehr geringer Intensität bei Stickstoff festgestellt werden; zum Nachweise dienten diejenigen Elektronen, die durch die γ-Strahlung sekundär ausgelöst werden.

Außer durch α-Strahlen konnte eine Kern-γ-Strahlung auch durch Bombardement mit Protonen bei Lithium und durch Beschießung mit Deutonen bei Bor und Kohlenstoff nachgewiesen werden; negative Ergebnisse zeigten sich bei der Einwirkung von Protonen auf Bor und Kohlenstoff und von Deutonen auf Lithium und Aluminium.

Theoretisch ist das Auftreten von γ-Strahlung wohl so zu deuten, daß bisweilen der durch die Kernreaktion entstehende neue Kern statt in seinen Grundzustand im Sinne der Quantentheorie in einen ausgezeichneten Zustand höherer Energie übergeht und erst aus diesem unter Emission eines Photons in den Grundzustand gelangt (ein ganz analoges Verhalten der Atomhüllen, das zu der Aussendung optischer Spektren führt, ist ja in der Tat schon längst den Physikern bekannt). Wenn aber nun beide Möglichkeiten nebeneinander bestehen, die der strahlenden und der strahlungslosen Kernumwandlung, so ist z. B. das Auftreten von zwei Protonengruppen verschiedener Energie, also verschiedener Reichweite, zu erwarten, und zwar derart, daß der Unterschied der kinetischen Energie beider Gruppen ein Lichtquant der Kern-γ-Strahlung ergibt. Eine solche Gesetzmäßigkeit wurde in der Tat von BECKER und BOTHE für den Fall der Beschießung von Bor mit α-Teilchen festgestellt. Neben einer γ-Strahlung, die ganz bestimmte Wellenlängen, also ganz bestimmte Linien aufweist, kann übrigens auch kontinuierliche γ-Strahlung auftreten.

Die Ausbeute an Lichtquanten unter der Einwirkung von α-Strahlen beträgt für je 10^8 α-Teilchen bei Beryllium etwa 30, bei Lithium und Bor etwa 4; bei den anderen Grundstoffen ist sie wesentlich kleiner.

Fünfter Vortrag.

Die künstliche Radioaktivität.

Die bisher besprochenen Grundstoffumwandlungen haben es gemeinsam, daß sie auf der Einfangung eines Geschosses in einen Atomkern beruhen. Darum können sie durchwegs durch chemische Reaktionsformeln beschrieben werden, auf deren linker Seite der beeinflußte Stoff und der Stoff des Geschosses stehen, während auf der rechten Seite das Umwandlungsprodukt und der Stoff der fortfliegenden Atomtrümmer verzeichnet sind. Neben solchen Vorgängen sind auch einfachere denkbar, bei denen es der Einverleibung eines Projektils nicht bedarf. Der Kern zerfällt dabei von selbst, indem er sich unter Absplitterung eines Bausteins in diesen und einen verbleibenden Rest spaltet.

Derartige Dissoziationen eines Grundstoffs sind in der Tat als spontan eintretende Vorgänge schon seit dem Ende des 19. Jahrhunderts bekannt, und zwar in der Form der radioaktiven Phänomene. Sie sind darauf zurückzuführen, daß sich Atomkerne infolge der Instabilität ihres Aufbaus zersetzen, wobei sich dieser Vorgang durch eine von dem aktiven Stoffe ausgehende, entweder korpuskulare oder γ-artige Strahlung offenbart[1]. Daß es sich bei dem Zerfall um spontane und nur dem Zufall unterliegende Vorgänge handelt, erkennt man daraus, daß die Strahlungsintensität einer sich selbst überlassenen aktiven Substanz mit der Zeit exponentiell abnimmt; dies beweist es, daß die Zahl der in einem Zeitelement zerfallenden Atome stets proportional zu der Zahl der vorhandenen Atome ist. Jede radioaktive Substanz erscheint somit durch eine Konstante charakterisiert, die die Schnelligkeit des Zerfalls zum Ausdruck bringt. Es ist üblich, hiefür die Halbwertszeit zu wählen, nämlich diejenige Zeit, in der sich durch den Zerfall eine gegebene Menge der betreffenden Substanz auf die Hälfte verringert[2].

Schon im ersten Jahrzehnt nach der Entdeckung der Radioaktivität gelang es den Physikern, etwa 40 verschiedene Radioelemente festzustellen und für sie die charakteristischen Halbwertzeiten zu ermitteln. Man fand ferner, daß die radioaktiven Stoffe entweder α-Teilchen oder als sogenannte β-Teilchen Elektronen aussenden, und im Jahre 1913 stellten gleichzeitig, doch unabhängig von einander SODDY und FAJANS das Grundgesetz der radioaktiven Grundstoffumwandlungen auf; danach erniedrigt eine α-Umwandlung die Massenzahl um 4 und die Ordnungszahl um 2 (entsprechend der Masse und Ladung des α-Teilchens), während eine β-Umwandlung ohne Änderung der Massenzahl die Ordnungszahl um eins erhöht[3].

Wie nun die nähere Erforschung der Radioelemente auf Grund des Umwandlungsgesetzes zeigte, lassen sie sich fast alle derart in drei Umwandlungsreihen einordnen, daß jedes Element einer solchen Reihe aus dem ihm in der Reihe vorangehenden entweder durch eine α- oder eine β-Umwandlung hervorgeht. Die drei Reihen werden als die Uran-, die Thorium- und die Actiniumreihe unterschieden; sie sind in Tabelle IV—VI dargestellt, aus denen ohne weiteres die Massenzahlen ersichtlich sind, die bei einer durch einen vertikalen Pfeil angedeuteten α-Umwandlung um vier abnehmen, während sie bei einer durch einen horizontalen Pfeil ausgedrückten β-Umwandlung ungeändert bleiben. Unter den Namen der Radioelemente sind die Ordnungszahlen, die Gruppe des periodischen Systems und die Halbwertszeit eingetragen. (Dabei bedeuten die Symbole a, d, h, m, s Jahre, Tage, Stunden, Minuten und Sekunden.) Außerhalb der Umwandlungsreihen sind noch mit Sicherheit als Radioelemente die β-Strahler Kalium (Halbwertszeit 10^{12} a) und Rubidium (10^{11}a) sowie das α-strahlende Samarium bekannt.

Eine außerordentliche Vermehrung erfuhr die Zahl der bekannten Radio-Elemente im Jahre 1934 durch die Entdeckung der künstlichen Radioaktivität. Den Anlaß zu dieser Entdeckung gaben Untersuchungen von Irène CURIE und JOLIOT über

Tabelle IV.

Die Uran-Radiumreihe.

Atom- gewicht							
238	Uran I 92, VIa $4{,}4 \cdot 10^9$ a ↓						
234	Uran X_1 →	Uran X_2 →	Uran II				
	90, IV a 24,5 d	91, V a 1,17 m	92, VI a $3 \cdot 10^5$ a ↓				
230			Ionium 90, IV a $8{,}3 \cdot 10^4$ a ↓				
226			Radium 88, II a 1590 a ↓				
222			Ra-Emanation 86, VIII b 3,825 d ↓				
218			Ra A 84, VI b 3,05 m ↓				
214			Ra B → 82, IV b 26,8 m	Ra C → 83, V b 19,7 m ↓	Ra C′ 84, VI b 10^{-8} s ↓		
210				Ra C″ → 81, III b 1,32 m	Ra D → 82, IV b 22 a	Ra E → 83, V b 5 d	Ra F 84, VI b 140 d ↓
206							Ra G 82, IV b stabil

die Positronenemission des Aluminiums, die, wie schon im ersten Vortrage erwähnt wurde, durch α-Strahlen des Poloniums hervorgerufen wird. Im Verlaufe dieser Untersuchungen machten Irène CURIE und JOLIOT die überraschende Feststellung, daß die Positronenemission des Aluminiums keineswegs sogleich aufhört, wenn nach Einwirkung durch einige Mi-

Tabelle V.

Die Actiniumreihe.

Atom-gewicht					
230	Uran Y → 90, IV a 24,6 h	Protactinium 91, V a $3{,}2 \cdot 10^4$ a ↓			
226		Actinium → 89, III a 13,5 a	Radio Ac 90, IV a 18,9 d ↓		
222			Ac X 88, II a 11,2 d ↓		
218			Ac Em 86, VIII b 3,9 s ↓		
214			Ac A 84, VI b $2 \cdot 10^{-3}$ s ↓		
210			Ac B ⟶ 82, IV b 36,0 m	Ac C ⟶ 83, V b 2,16 m ↓	Ac C′ 84, VI b ca. 10^{-3} s ↓
206				Ac C″ ⟶ 81, III b 4,7 m	Ac D 82, IV b stabil

nuten das Polonium-Präparat entfernt wird; die Strahlung dauert vielmehr unter allmählichem Abklingen noch über eine Viertelstunde an.

Durch Verwendung einer mit einer Ionisationskammer verbundenen Zählvorrichtung überzeugten sich CURIE und JOLIOT davon, daß die Zahl der pro Minute ausgesandten Teilchen nach einem Exponentialgesetz abnimmt, also nach demselben Gesetze, dem auch der radioaktive Zerfall unterliegt. Dadurch war die Annahme nahegelegt, daß die Positronenstrahlung des Aluminiums die Folge einer künstlich durch die α-Strahlen hervorgerufenen, sozusagen „induzierten“ Radioaktivität sei. Durch die α-Teilchen werden offenbar Aluminium-

Tabelle VI.

Die Thoriumreihe.

Atom- gewicht					
232	Thorium 90, IV a $1{,}8 \cdot 10^{10}$ a ↓				
228	Mesothor 1 → 88, II a 6,7 a	Mesothor 2 → 89, III a 6,13 h	Radiothor 90, IV a 1,9 a ↓		
224			Thorium X 88, II a 3,64 d ↓		
220			Th Em 86, VIII b 54,5 s ↓		
216			Th A 84, VI b 0,14 s ↓		
212			Th B —→ 82, IV b 10,6 h	Th C —→ 83, V b 60,5 m ↓	Th C′ 84, VI b ca. 10^{-9} s ↓
208				Th C″ 81, III b → 3,1 m	Th D 82, IV b stabil

kerne in eine instabile Form umgewandelt, der, wie CURIE und JOLIOT fanden, auch eine ganz bestimmte Halbwertszeit zukommt. Sie ergab sich zu 3 Minuten 15 Sekunden und erwies sich als völlig unabhängig von der Energie der den Effekt verursachenden α-Teilchen. CURIE und JOLIOT fanden keine Änderung der Halbwertszeit, wenn sie in der Energie der α-Teilchen von 5,3 eMV auf eine Million Elektron-Volt hinabgingen; dieselbe Unabhängigkeit zeigte sich auch bei Versuchen von ELLIS und HENDERSON, die umgekehrt die Energie der α-Teilchen bis über 8 eMV erhöhten, indem sie andere Substanzen als Polonium verwendeten.

Ähnliche Aktivierungserscheinungen wie bei Aluminium

stellten Irène CURIE und JOLIOT auch bei Bor und Silicium fest, als sie diese beiden Grundstoffe mit α-Strahlen bombardierten. Dabei fanden sie als Halbwertszeit für das Umwandlungsprodukt des Bors 14 Minuten und für dasjenige des Magnesiums 2 min 3 sec. Durch geeignete chemische Methoden konnten CURIE und JOLIOT nachweisen, daß die radioaktiven Elemente, die bei der Bestrahlung von Bor oder Aluminium entstehen, die chemischen Eigenschaften von Stickstoff oder Phosphor besitzen. Sie unterwarfen das aktivierte Bor solchen chemischen Prozessen, die etwaigen, dem Bor beigemengten Stickstoff entfernen würden, und fanden, daß auf diese Weise die Aktivität beseitigt wurde[4]. In ähnlicher Weise zeigten sie, daß sich die Aktivität des bestrahlten Aluminiums in chemischer Hinsicht so verhält wie eine dem Aluminium beigemengte Verunreinigung durch Phosphor[5]. Es waren die ersten Fälle, in denen eine Grundstoffumwandlung auf chemischem Wege nachgewiesen werden konnte. Die neu entdeckten aktiven Elemente wurden von CURIE und JOLIOT als Radio-Stickstoff und Radio-Phosphor bezeichnet.

Außer bei Bor, Magnesium und Aluminium ist bei späteren Versuchen FRISCH auch bei Natrium und Phosphor, Lise MEITNER bei Lithium[6] und ZYW bei Kalium[7] die Aktivierung mittels α-Strahlen gelungen. In all diesen Fällen strahlt das durch die Umwandlung entstehende Radio-Element Positronen aus. Daß bei der Bestrahlung des Phosphors radioaktives Chlor entsteht, vermochte FRISCH auf chemischem Wege zu zeigen. Bei Magnesium scheinen zwei Umwandlungen parallel zu verlaufen, indem sich das Isotop Mg^{24} unter Einfangung eines α-Teilchens und Abgabe eines Neutrons in Si^{27} verwandelt, hingegen das Isotop Mg^{25} unter Einfangung eines α-Teilchens und Aussendung eines Protons in Al^{28}.

Während also in dem Falle des Magnesiums verschiedene Atomkerne verschiedene Reaktionen ausführen, scheint bei Aluminium, das ein „Reinelement“ darstellt (von dem also nur ein einziges stabiles Isotop bekannt ist), unter der Einwirkung von α-Strahlen tatsächlich eine verzweigte Umwandlung[8] einzutreten. Die beiden Zweige sind durch die Reaktionsformeln dargestellt:

$$_{13}Al^{27} + {}_{2}He^{4} \rightarrow {}_{15}P^{30} + {}_{0}n^{1}$$

$$_{13}Al^{27} + {}_{2}He^{4} \rightarrow {}_{14}Si^{30} + {}_{1}H^{1}.$$

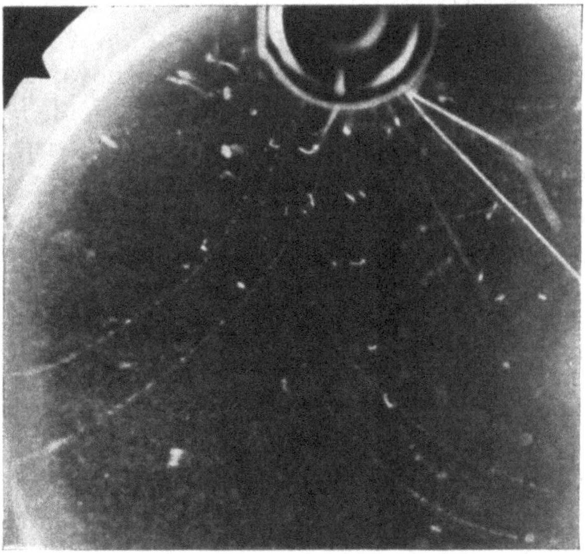

Abb. 30 a.

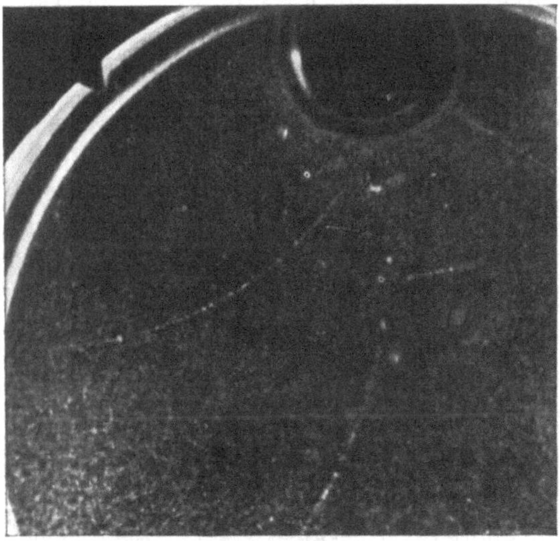

Abb. 30 b.

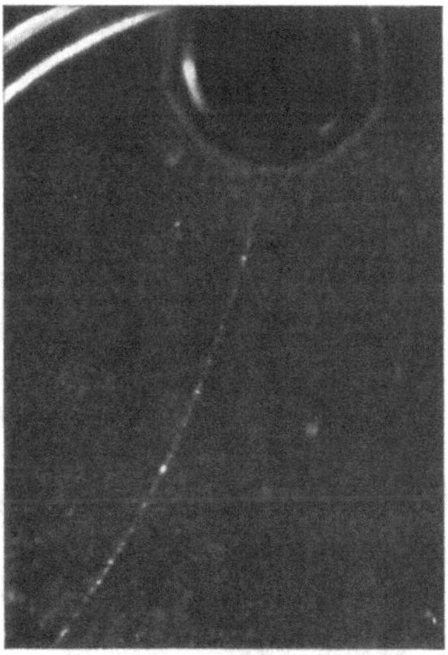

Abb. 30 c.

Abb. 30 a, b, c. Künstliche Radioaktivität des Aluminiums nach MEITNER und PHILIPP (aus Naturwissenschaften, Verlag Springer, Berlin, Bd. 22). a) Emission von Elektronen und Positronen während der Einwirkung von α-Strahlen; b) Positronenemission kurz nach der Entfernung der α-Strahlenquelle; c) dasselbe 9 Minuten später.

Ellis und Henderson ermittelten für das Verzweigungsverhältnis den ungefähren Wert 1 : 50; d. h. von etwa je 50 Aluminiumkernen erfährt nur einer die Umwandlung in das instabile und aus der Massenspektroskopie nicht bekannte Phosphor-Isotop, während sich die übrigen in Kerne eines auch massenspektroskopisch bekannten Silicium-Isotops verwandeln.

Die künstliche Radioaktivität des Aluminiums kommt deutlich in Abb. 30 zum Ausdruck. Solange die α-Strahlung andauert, sendet das Aluminium (vgl. Teilfigur a) sowohl Positronen als auch negative Elektronen aus. Die Emission der letzteren hört nach der Entfernung der α-Strahlenquelle auf, während die Aussendung der Positronen unter allmählichem Abklingen noch andauert (vgl. die Teilfiguren b und c).

Bald nach der Entdeckung der durch α-Strahlen erzeugten künstlichen Radioaktivität wurde begreiflicherweise die Frage rege, ob sich Umwandlungen in instabile Atomarten nicht auch durch Beschießung mit Wasserstoffkernen herbeiführen lassen. Cockcroft, Gilbert und Walton, die zuerst diese Frage systematisch untersuchten, ließen Protonenstrahlen von 600 ekV in einer Stärke von 10 μA durch etwa eine Viertelstunde auf zahlreiche Grundstoffe einwirken, ohne jedoch bei anderen Elementen als Kohlenstoff einen Effekt feststellen zu können; bei diesem ergab er sich allerdings recht stark und offenbarte sich in einer intensiven Positronenemission mit einer Halbwertzeit von 10½ Minuten. Später fanden Crane und Lauritsen, daß auch Bor durch Beschießung mit Protonen Radioaktivität erlangt.

Recht starke Effekte wurden bei verschiedenen Elementen durch Bombardement mit Deutonen hervorgerufen. Henderson, Livingston und Lawrence vermochten bei bestrahltem Aluminium eine Halbwertszeit von 3, bei bestrahltem Beryllium und Magnesium eine solche von 9 Minuten festzustellen. Beträchtliche Ausbeuten ergaben sich unter der Einwirkung von Deutonen bei Bor und vor allem bei Kohlenstoff. Es ist sogar fraglich geworden, ob der mit Protonen bei Bor und Kohlenstoff beobachtete Effekt nicht vielleicht nur auf einer Verunreinigung der Protonenstrahlung durch Deutonen beruht[9]; allerdings betrug bei den früher erwähnten Versuchen mit Protonenstrahlen die Ausbeute bei Bor 10 und bei

Kohlenstoff 20 Prozent derjenigen, die mit Deutonen erzielt wird. Abb. 31 zeigt nach ANDERSON und NEDDERMEYER die Positronenemission des Kohlenstoffs nach vorhergegangener Beschießung mit Deutonen[10]. Erwähnt sei noch, daß bei den Versuchen von HENDERSON und LAWRENCE unter der Einwirkung von Deutonen auch bei NH_4NO_3, Li_2CO_3 und Na_3PO_4 Aktivität der gleichen Halbwertszeit von 2 Minuten festgestellt wurde, ohne daß jedoch einstweilen entschieden werden konnte, auf welchen Grundstoff die Aktivität zurückzuführen ist. Aktivität zeigte sich unter dem Einfluß von Deutonen auch bei $CaCl_2$ (13 Minuten) und bei CaF_2 (40 Sekunden).

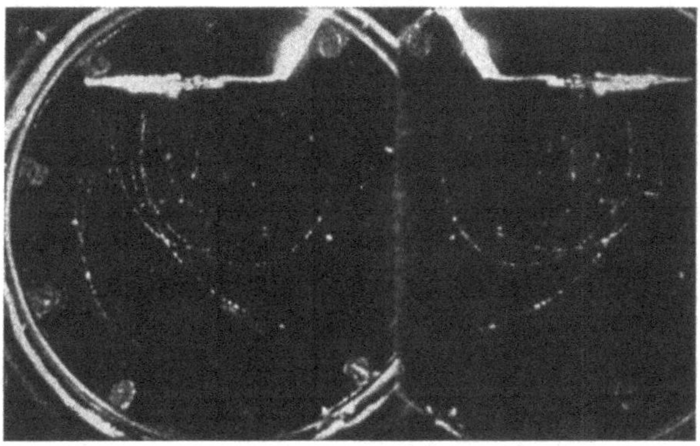

Abb. 31. Positronen-Emission durch Kohlenstoff nach vorherigem Bombardement mit Deutonen von 900 ekV (Aufnahme in einem Magnetfeld von 800 Gauß nach ANDERSON und NEDDERMEYER; aus Physical Review, vol. 45).

Als ein besonders geeignetes Mittel zur Erzeugung künstlicher Radioaktivität haben sich die Neutronen erwiesen. Irène CURIE und JOLIOT vermochten bereits zu zeigen, daß unter der Einwirkung von Neutronen Silicium und Phosphor Aktivität erlangen, und bei ungefähr vierzig weiteren Elementen konnten dies dann FERMI und seine Mitarbeiter AMALDI, D'AGOSTINO, RASETTI und SEGRÈ nachweisen.

Bei den Versuchen FERMIs diente als Quelle der Neutronen eine Glasröhre von etwa 6 mm Durchmesser und 15 mm Länge, die Berylliumpulver und Emanation enthielt; die Stärke des Präparates betrug bis zu 800 Milli-Curie, was einer Produktion von ungefähr 1 Million Neutronen pro Sekunde entspricht (etwa

1000 Neutronen pro Milli-Curie). Die Energie dieser Neutronen ist kontinuierlich bis zu einer oberen Grenze verteilt, die zwischen 7 und 8 eMV liegt, und überdies gibt es noch einen ganz kleinen Bruchteil von Neutronen, die eine Energie von etwa 15 eMV aufweisen.

Die Emission geladener Teilchen seitens der aktivierten Substanz wurde mittels eines Elektronenzählrohrs (eines sogenannten GEIGER-MÜLLER-Zählers) von etwa 5 cm Länge und 1,4 mm Durchmesser untersucht; die Wände des Zählers bestanden aus sehr dünnen Aluminiumblättchen von etwa $^{1}/_{10}$ mm Dicke. Die von den emittierten Teilchen durch Ionisierung hervorgerufenen Impulse wurden durch eine geeignete Vorrichtung verstärkt und registriert. Die zu untersuchende Substanz wurde in die Form von Hohlzylindern gebracht, die über den Zähler gestülpt wurden; andererseits umgab während der Bestrahlung die Substanz die Neutronenquelle so enge wie möglich.

Bei den FERMIschen Versuchen, in denen die Aktivierung durch Neutronen erfolgte, wurde radioaktive korpuskulare Strahlung in der Form negativer Elektronen, also als β-Strahlung festgestellt; eine Emission von Positronen war in keiner Weise erkennbar. Bei einigen Elementen, besonders deutlich bei aktiviertem Eisen, zeigt sich die Elektronenemission von einer γ-Strahlung begleitet; im Falle des Eisens beträgt ihre Quantenenergie z. B., wie FLEISCHMANN fand, gegen 800 ekV.

Daß künstliche Radioaktivität auch mit einer Aussendung von Neutronen verknüpft sein kann, scheint aus Untersuchungen von Irène CURIE, JOLIOT und PREISWERK hervorzugehen. Sie nahmen mittels einer Ionisationskammer Zählungen der Impulse vor, indem sie das einemal eine bestimmte Neutronenquelle allein benutzten, das anderemal zu ihr noch Phosphor hinzufügten, der vorher mit Neutronen bestrahlt worden war. Sie konnten in der Tat im zweiten Falle eine wesentliche Erhöhung der Zahl der Impulse (von 656 auf 760 pro Sekunde bei einem mittleren statistischen Fehler von $\pm$ 38) feststellen.

In den Fällen, in denen eine Aktivierung nachgewiesen werden konnte, war es natürlich von größter Wichtigkeit, die Kurve aufzunehmen, die den zeitlichen Abfall dieser Aktivität darstellt, und so die Halbwertszeit zu ermitteln. Bei vielen aktiven Stoffen erwies sich die Kurve als eine einfache Exponentiallinie; in anderen Fällen konnten die Kurven in zwei oder mehr übereinander gelagerte exponentielle Komponenten zerlegt werden. Die Untersuchung ist natürlich sehr durch den Umstand erschwert, daß die bestrahlte Substanz in der Regel ein Gemisch mehrerer Isotope darstellt; auch können, wie man es schon von der natürlichen Radioaktivität her kennt, mehrere aufeinander folgende Umwandlungen einander überdecken.

Die Ausbeute an radioaktiver Substanz ist bei allen diesen Versuchen äußerst gering. Selbst in den günstigsten Fällen belief sie sich bisher nur auf etwa 10^9 Atome, was etwa 10^{-14} g entspricht. Da mit so kleinen Mengen schwer chemische Operationen durchgeführt werden können, lösten FERMI und seine Mitarbeiter die bestrahlte Substanz auf und fügten ihr kleine Mengen derjenigen Grundstoffe bei, von denen man erwarten konnte, daß sie mit den künstlich geschaffenen Radioelementen isotop seien. Bei den angewandten chemischen Methoden muß dann zugleich mit der absichtlichen Beimengung auch die Aktivität abgetrennt werden, wenn tatsächlich Isotopie besteht. In etwa 16 Fällen konnten derart FERMI und seine Mitarbeiter den chemischen Charakter des erzeugten Radio-Elementes einwandfrei feststellen. Die Aktivierung ist ihnen bei ungefähr 40 Grundstoffen gelungen, darunter mit besonderer Intensität bei der Bestrahlung von Al, Si, P, S, Cr, As, Br, Rh, Ag, J, Ir und U.

Tabelle VII gibt großenteils im Anschluß an FERMI, jedoch auch unter Berücksichtigung anderweitiger Forschungsergebnisse eine Übersicht über die bis Anfang 1935 entdeckten künstlichen Aktivierungen. Welches es unter den Isotopen eines Grundstoffes ist, das durch die Umwandlung Aktivität erlangt (oft sind es wohl zwei, vielleicht auch mehr nebeneinander), steht im allgemeinen allerdings nicht fest. Einfacher liegen die Verhältnisse natürlich dann, wenn das bestrahlte Element nur ein einziges bekanntes, stabiles Isotop aufweist, wie dies z. B. bei Fluor, Natrium, Aluminium, Phosphor, Vanadium, Mangan, Kobalt zutrifft. Ist in solchen Fällen mittels chemischer Methoden der chemische Charakter des er-

Tabelle VII.

Die Erzeugung künstlicher Radioaktivität.

Bestrahltes Element (Ordnungszahl)	Art der Bestrahlung (α: α-Teilchen H Proton D Deuton n Neutron)	Halbwertszeit	Radioakt. Strahlung (ε neg. Elektron π Positron γ Photon) (Eingeklammert die mittlere Energie in eMV)	Chemischer Charakter des radioaktiven Elements (eingeklammert, wenn nicht direkt nachgewiesen)
3 Lithium	α	einige min	π	(Bor)
4 Beryllium	D	9 min	π	
5 Bor	α	14 min	π	Stickstoff
5 Bor	H	20 min	π	
5 Bor	D	20 min	π	(Kohlenstoff)
6 Kohlenstoff	H	10 min	π	(Stickstoff)
6 Kohlenstoff	D	14 min	π	(Stickstoff)
7 Stickstoff	α	1,2 min	π	(Fluor)
9 Fluor	α	sehr kurz	π	(Natrium)
9 Fluor	n	9 sec	ε (2), γ	
9 Fluor	n	40 sec		
11 Natrium	α	7 sec	π	(Aluminium)
11 Natrium	n	40 sec		(Neon)
11 Natrium	n	10 h		(Natrium?)
12 Magnesium	α	3 min	π, ε	(Silicium u. Aluminium)
12 Magnesium	D	9 min		
12 Magnesium	n	40 sec		
12 Magnesium	n	15 h	ε (0,5), γ	Natrium
13 Aluminium	α	3,25 min	π	Phosphor
13 Aluminium	D	3 min	π	
13 Aluminium	n	12 min	ε (0,6), γ	(Magnesium)
13 Aluminium	n	15 h	ε (0,5), γ	Natrium
14 Silicium	n	3 min	ε (1,3), γ	Aluminium
15 Phosphor	α	40 min	π	Chlor
15 Phosphor	n	3 min	ε	(Aluminium)
15 Phosphor	n	3 h	ε (0,7)	Silicium
16 Schwefel	n	13 d	ε (0,8)	Phosphor
17 Chlor	n	13 d	ε (0,8)	Phosphor
19 Kalium	α	3 h		Scandium
22 Titan	n	3 min		
23 Vanadium	n	4 min	ε (1,3)	Vanadium
24 Chrom	n	4 min	ε (1,3) γ	Vanadium
25 Mangan	n	4 min		Vanadium
25 Mangan	n	2,5 h	ε (1,3)	Mangan
26 Eisen	n	2,5 h	ε (1,3), γ	Mangan
27 Kobalt	n	$\sim$ 2,5 h		Mangan
29 Kupfer	n	6 min		
29 Kupfer	n	6 h		

Bestrahltes Element (Ordnungszahl)	Art der Bestrahlung (α: α-Teilchen H Proton D Deuton n Neutron)	Halbwertszeit	Radioakt. Strahlung (ε neg. Elektron π Positron γ Photon) (Eingeklammert die mittlere Energie in eMV)	Chemischer Charakter des radioaktiven Elements (eingeklammert, wenn nicht direkt nachgewiesen)
30 Zink	n	6 min	γ	Kupfer
30 Zink	n	6 h		Kupfer
30 Zink	n	9 h	γ	
31 Gallium	n	30 min	ε	
33 Arsen	n	1 d	ε (1,3), γ	Arsen
34 Selen	n	35 min		
35 Brom	n	30 min		Brom
35 Brom	n	6 h	ε (0,7)	Brom
37 Rubidium	n	20 min		
40 Zirkonium	n			
42 Molybdän	n	25 min		
42 Molybdän	n	∼36 h		
45 Rhodium	n	50 sec	ε (0,8)	
45 Rhodium	n	5 min		
46 Palladium	n	6 h	ε (0,3)	
47 Silber	n	∼20 sec		
47 Silber	n	2 min	ε (0,7)	
48 Cadmium	n	70 min		
51 Antimon	n			
52 Tellur	n	30 min		
53 Jod	n	30 min	ε (0,7)	Jod
56 Barium	n	3 min		
59 Praseodym	n	5 min		
60 Neodym	n	1 h		
62 Samarium	n	40 min		
74 Wolfram	n	23 h		
77 Iridium	n	20 h	ε (1,1), γ	Iridium
78 Platin	n	36 min		
79 Gold	n	2 d	ε (0,3)	Gold
80 Quecksilber	n			
81 Thallium	n			
90 Thorium	n	1 min(?)		
90 Thorium	n	15 min		
92 Uran	n	15 sec		
92 Uran	n	40 sec		
92 Uran	n	13 min	γ	
92 Uran	n	100 min		

Negative Effekte bei Beschießung mit Neutronen (nach FERMI) bei 1 H, 3 Li, 4 Be, 5 B, 6 C, 7 N, 8 O, 20 Ca, 28 Ni, 38 Sr, 39 Y, 44 Ru, 50 Sn, 57 La, 58 Ce, 73 Ta, 75 Re, 76 Os, 82 Pb, 83 Bi.

zeugten Radioelementes festgestellt, so ist damit in der Regel auch dessen Massenzahl gegeben. Weitere Schlüsse werden dadurch möglich, daß oft Bestrahlungen verschiedener Elemente dennoch Aktivitäten von gleicher Halbwertszeit liefern (und auch von gleicher Elektronenenergie). Ist aber bereits eine instabile Grundstoffart identifiziert, der diese Halbwertszeit (und diese Elektronenenergie zukommen), so läßt sich wieder aus der Halbwertszeit einer Aktivierung unter Umständen erkennen, welches Isotop der Ausgangssubstanz durch die Bestrahlung Aktivität erlangte.

Tabelle VIII (die fallweise mit Tabelle VII verglichen werden möge) bietet eine Übersicht über die bis Anfang 1935 bereits mit ziemlicher Sicherheit identifizierten künstlichen Radioelemente. Wie aus der Tabelle ersichtlich ist, sind in drei Fällen (Al^{28}, V^{52} und Mn^{56}) je drei verschiedene Kernreaktionen mit verschiedenen Ausgangssubstanzen bekannt, die dennoch zu der Entstehung desselben Radioelementes führen. Wie die Tabelle ferner zeigt, weisen die bekannten künstlichen Radioelemente durchweg Massenzahlen auf, die keinem bekannten stabilen Isotop zukommen und die entweder kleiner sind als die kleinste oder aber größer als die größte sonst bei dem Element festgestellte Massenzahl. Im ersten Falle werden Positronen, im zweiten hingegen negative Elektronen seitens des Radioelementes emittiert. Am längstlebigen ist unter den bisher bekannt gewordenen künstlichen Radioelementen das Phosphor-Isotop 32 mit einer Halbwertszeit von 13 Tagen.

Wie aus der Tabelle VIII ersichtlich ist, gibt es eine Reihe von Umwandlungen, bei denen das Radioelement mit der bestrahlten Ausgangssubstanz im chemischen Charakter übereinstimmt; es tritt lediglich eine Umwandlung eines stabilen Isotops in ein anderes, instabiles Isotop desselben Grundstoffs ein. Sind Radioelement und Ausgangsstoff in chemischer Hinsicht von einander verschieden, so ist im Falle einer Aktivierung mittels Neutronen die Ordnungszahl des aktiven Elementes stets um 1 oder 2 niedriger. Schon aus diesem Grunde erscheint es nicht sehr wahrscheinlich, daß von den Radioelementen, die bei einer Beschießung mit Neutronen aus Uran entstehen, eines eine höhere Ordnungszahl als das Uran selbst hat. In der Tat ist die ursprüngliche Vermutung FERMIS, daß eines

Tabelle VIII.

Die künstlich radioaktiven Grundstoffarten.

Aktive Grundstoffart	Bekannte stabile Isotope desselben Grundstoffs	Strahlung	Halbwertszeit	Entstehungs- und Zerfallsreaktion
$_5B^9$	(10, 11)	π	einige min	$_3Li^6 + {}_2He^4 \rightarrow {}_5B^9 + {}_0n^1$ $_5B^9 \rightarrow {}_4Be^9 + {}_1\pi^0$
$_7N^{13}$	(14, 15)	π	14 min	a) $_5B^{10} + {}_2He^4 \rightarrow {}_7N^{13} + {}_0n^1$ b) $_6C^{12} + {}_1D^2 \rightarrow {}_7N^{13} + {}_0n^1$ $_7N^{13} \rightarrow {}_6C^{13} + {}_1\pi^0$
$_{11}Na^{24}$	(23)	ε	15 h	a) $_{12}Mg^{24} + {}_0n^1 \rightarrow {}_{11}Na^{24} + {}_1H^1$ b) $_{13}Al^{27} + {}_0n^1 \rightarrow {}_{11}Na^{24} + {}_2He^4$ $_{11}Na^{24} \rightarrow {}_{12}Mg^{24} + {}_{-1}\varepsilon^0$
$_{13}Al^{28}$	(27)	ε	3 min	a) $_{12}Mg^{25} + {}_2He^4 \rightarrow {}_{13}Al^{28} + {}_1H^1$ b) $_{14}Si^{28} + {}_0n^1 \rightarrow {}_{13}Al^{28} + {}_1H^1$ c) $_{15}P^{31} + {}_0n^1 \rightarrow {}_{13}Al^{28} + {}_2He^4$ $_{13}Al^{28} \rightarrow {}_{14}Si^{28} + {}_{-1}\varepsilon^0$
$_{14}Si^{31}$	(28, 29, 30)	ε	3 h	$_{15}P^{31} + {}_0n^1 \rightarrow {}_{14}Si^{31} + {}_1H^1$ $_{14}Si^{31} \rightarrow {}_{15}P^{31} + {}_{-1}\varepsilon^0$
$_{15}P^{30}$	(31)	π	3,25 min	$_{13}Al^{27} + {}_2He^4 \rightarrow {}_{15}P^{30} + {}_0n^1$ $_{15}P^{30} \rightarrow {}_{14}Si^{30} + {}_1\pi^0$
$_{15}P^{32}$	(31)	ε	13 d	a) $_{16}S^{32} + {}_0n^1 \rightarrow {}_{15}P^{32} + {}_1H^1$ b) $_{17}Cl^{35} + {}_0n^1 \rightarrow {}_{15}P^{32} \rightarrow {}_2He^4$ $_{15}P^{32} \rightarrow {}_{16}S^{32} + {}_{-1}\varepsilon^0$
$_{17}Cl^{34}$	(35, 37)	π	40 min	$_{15}P^{31} + {}_2He^4 \rightarrow {}_{17}Cl^{34} + {}_0n^1$ $_{17}Cl^{34} \rightarrow {}_{16}S^{34} + {}_1\pi^0$
$_{23}V^{52}$	(51)	ε	4 min	a) $_{23}V^{51} + {}_0n^1 \rightarrow {}_{23}V^{52}$ b) $_{24}Cr^{52} + {}_0n^1 \rightarrow {}_{23}V^{52} + {}_1H^1$ c) $_{25}Mn^{55} + {}_0n^1 \rightarrow {}_{23}V^{52} + {}_2He^4$ $_{23}V^{52} \rightarrow {}_{24}Cr^{52} + {}_{-1}\varepsilon^0$
$_{25}Mn^{56}$	(55)	ε	2,5 h	a) $_{25}Mn^{55} + {}_0n^1 \rightarrow {}_{25}Mn^{56}$ b) $_{26}Fe^{56} + {}_0n^1 \rightarrow {}_{25}Mn^{56} + {}_1H^1$ c) $_{27}Co^{59} + {}_0n^1 \rightarrow {}_{25}Mn^{56} + {}_2He^4$ $_{25}Mn^{56} \rightarrow {}_{26}Fe^{56} + {}_{-1}\varepsilon^0$
$_{33}As^{76}$	(75)	ε	1 d	$_{33}As^{75} + {}_0n^1 \rightarrow {}_{33}As^{76}$ $_{33}As^{76} \rightarrow {}_{34}Se^{76} + {}_{-1}\varepsilon^0$
$_{53}J^{128}$	(127)	ε	30 min	$_{53}J^{127} + {}_0n^1 \rightarrow {}_{53}J^{128}$ $_{53}J^{128} \rightarrow {}_{54}X^{128} + {}_{-1}\varepsilon^0$

dieser Elemente ein „Transuran" mit der Ordnungszahl 93 oder 94 darstelle, durch Untersuchungen v. GROSSEs fraglich geworden[11].

Was das Endprodukt des radioaktiven Zerfalls betrifft, so ist es in manchen Fällen mit der ursprünglichen Ausgangssubstanz identisch. So verwandelt sich z. B. Mg^{24} auf dem Umwege über ein instabiles Na-Isotop in sich selbst zurück, und ähnliches gilt auch für Si^{28}, P^{31} und S^{32}. Wegen ihrer außerordentlich geringen Menge konnten die inaktiven Endprodukte bisher noch in keinem einzigen Falle chemisch nachgewiesen werden. Wahrscheinlich ist es jedoch nach Tabelle VIII, daß sich Beryllium aus Lithium bildet, Kohlenstoff aus Bor, Silicium aus Magnesium oder Phosphor oder Aluminium, Schwefel aus Chlor oder Phosphor, Chrom aus Vanadium oder Mangan, Eisen aus Mangan oder Kobalt.

In gewissem Sinne kann die moderne Physik somit in der Tat behaupten, im Besitze des „Steins der Weisen“ zu sein; aber je mehr sich das exakte Wissen von den Grundstoffumwandlungen erweiterte und vertiefte, desto geringer wurde auch die Hoffnung, in absehbarer Zeit zu irgend welchen praktischen Erfolgen zu gelangen; war doch an keinem einzigen der bisher erforschten künstlichen Umwandlungsprozesse auch nur ein Milliontel Milligramm beteiligt. Und dennoch, wer könnte, angesichts des stürmischen wissenschaftlichen Fortschrittes unseres Jahrhunderts, jede Möglichkeit bestreiten, daß uns vielleicht nur wenige Jahrzehnte von der industriellen Verwertung solcher Erkenntnisse trennen, die auf dem Gebiete der Grundstoffumwandlungen unser Zeitalter nach Anfängerart sammelt?

ANMERKUNGEN.

Anmerkungen zum ersten Vortrag.

[1] Der genaue Wert der Lichtgeschwindigkeit ist 299 796 km pro sec.

[2] Ein Erg entspricht ungefähr derjenigen Arbeit, die bei dem Heben eines Milligramm-Gewichtes um 1 cm verrichtet wird. Genau wird das Erg als die Arbeit definiert, die erforderlich ist, um durch 1 cm ein Gewicht zu heben, das der Kraft von 1 Dyn entspricht; dies ist aber diejenige Kraft, die der Masse eines Gramms die Einheit der Beschleunigung erteilt (Geschwindigkeitszuwachs pro sec gleich 1 cm/sec).

[3] Eine Kalorie ist diejenige Wärmemenge, die 1 Gramm Wasser um 1 Celsius-Grad (und zwar von 14½ auf 15½°) erwärmt. Eine Kalorie ist gleich $4{,}186.10^7$ Erg.

[4] Ein Kilogramm-Meter ist die Arbeit, die bei dem Heben eines Gewichtes von 1 kg um 1 m verrichtet wird. 1 kg-m ist gleich 98 Millionen Erg.

[5] Die absolute Einheit der Spannung ist diejenige, bei deren Durchlaufen eine elektrische Ladung von der Einheit (vgl. die nächste Anm.) eine Arbeit von 1 Erg verrichtet. Das Volt ist der 300. Teil dieser absoluten Spannungseinheit.

[6] Die elektrostatische Einheit wird durch eine Ladung dargestellt, die auf eine gleich große in der Entfernung von 1 cm eine Kraft von 1 Dyn ausübt.

[7] Die Vorstellung der Lichtquanten fand ihre experimentelle Stütze vor allem in den Beobachtungen über den lichtelektrischen Effekt. Dieser Effekt besteht darin, daß durch Bestrahlung mit ultraviolettem Licht oder mit Röntgenstrahlen aus der Oberfläche von Metallen Elektronen losgerissen werden, die die bestrahlte Metallfläche mit meßbarer Geschwindigkeit verlassen. Von vornherein müßte man zunächst vermuten, daß bei einer Steigerung der Intensität des Lichtes die Geschwindigkeit der losgelösten Elektronen gesteigert würde. Die Beobachtungen von LENARD zeigten aber schon 1902, daß dies keineswegs der Fall ist und eine Erhöhung der Lichtintensität nur die Zahl der losgelösten Elektronen vermehrt. Die Geschwindigkeit ändert sich nur dann, wenn die Frequenz des Lichtes geändert wird. Diese Tatsachen führten zu der Deutung, daß ein einzelnes Lichtquant aufgebraucht wird, um ein einzelnes Elektron loszulösen.

PLANCK selbst war seinerzeit zu der Annahme eines Wirkungsquantums durch Untersuchungen über Wärmestrahlung geführt worden.

[8] Polonium, auch Radium F genannt, ist ein Glied der Umwandlungsreihe, die von dem Uran ausgeht und über das Radium führt. Th C'' gehört dem aktiven Niederschlag an, der sich aus Thorium-Emanation bildet; vgl. den V. Vortrag.

[9] Wegen der α-Strahlen vgl. den III. Vortrag.

[10] Unter Ionen versteht man elektrisch geladene im Gegensatz zu neutralen Atomen.

[11] Befindet sich Luft in einem Zustand, in dem sie Elektrizität merklich leitet, so ist unter der Voraussetzung von Staubfreiheit nur eine vierfache Übersättigung zur Tröpfchenbildung erforderlich.

[12] Ein bewegter, elektrisch geladener Körper stellt nämlich, wie schon 1876 ROWLAND gezeigt hatte, einen Konvektionsstrom dar, der im wesentlichen dieselben Eigenschaften wie ein Leitungsstrom in einem Metalldraht aufweist. Es ist andererseits wohl bekannt, daß ein beweglicher, von einem Leitungsstrom durchflossener Draht von einem Magneten angezogen oder abgestoßen wird.

[13] Am stärksten ist die Ablenkung, wenn das magnetische Feld quer zu der Bewegungsrichtung der Teilchen, also, wie man sagt, transversal ist. Die Richtung der Ablenkung ist dann senkrecht zu diesen beiden Richtungen.

[14] Die kosmische Strahlung, die größtenteils aus dem Weltenraum zur Erde gelangt, wurde 1912 von HESS entdeckt, fast gleichzeitig auch von KOLHÖRSTER festgestellt und nach 1920 vor allem von MILLIKAN und seinen Mitarbeitern, zu denen auch ANDERSON zählte, untersucht. Sie ist so stark durchdringend, daß sie Bleiplatten von 100 m Dicke und Wasserschichten von rund 1000 m zu durchsetzen vermag. Sie führt jedenfalls elektrisch geladene Teilchen mit, denen Energiewerte bis zu einer Billion Elektron-Volt zukommen, doch ist die Frage, ob die Strahlung als solche γ-Strahlen-artig oder korpuskularer Natur sei, noch nicht geklärt. Auf ein cm^2 fallen in der Sekunde im Durchschnitt aus allen Richtungen ungefähr $1\frac{1}{2}$ kosmische Teilchen.

[15] Es handelt sich um Teilchen, die durch die kosmische Strahlung aus irdischem Material ausgelöst oder erzeugt werden.

[16] Ein „Gauß“ ist diejenige magnetische Feldstärke, die auf einen Magnetpol von der Stärke 1 (in absolutem Maß) eine Kraft von 1 Dyn ausübt. Die Horizontalintensität des Erdmagnetismus beträgt, wie zum Vergleiche angegeben sei, etwa 1/5 Gauß.

[17] Wesentlich höhere Energien kommen den nur schwach gekrümmten anderweitigen Bahnspuren zu; bei denen, die überhaupt keine merkliche Krümmung zeigen, konnte indirekt auf Energien von einigen hunderttausend Millionen Elektron-Volt geschlossen werden.

[18] Leser, denen der Exkurs über die DIRACsche Theorie zu schwierig sein sollte, werden gebeten, ihn zu überschlagen.

[19] Unter Quantenmechanik oder Wellenmechanik versteht man die neue, 1924 bis 1926 durch DE BROGLIE, HEISENBERG, SCHRÖDINGER und DIRAC geschaffene Form der Quantentheorie.

[20] Selbstverständlich muß wohl zwischen positiver Energie und positiver Ladung bzw. zwischen negativer Energie und negativer Ladung unterschieden werden!

[21] Vgl. des Verf. Buch „Materiewellen und Quantenmechanik“, 4. u. 5. Aufl. Leipzig (Akad. Verl. Ges.) 1934, Kap. XX.

[22] Der Impuls ist also gleich dem Produkte aus elementarem Wirkungsquantum und Lichtfrequenz, dividiert durch die Lichtgeschwindigkeit.

[23] Man denke z. B. an das bekannte Prinzip des Kräfteparallelogramms.

[24] Ist v die mechanische Geschwindigkeit, c die Lichtgeschwindigkeit und m_0 die sogenannte Ruhmasse, so findet man die tatsächliche Masse zu $m/\sqrt{1 - v^2/c^2}$.

[25] Ein Präparat weist eine Radioaktivität von 1 „Curie“ auf, wenn seine Strahlung ebenso stark ist wie diejenige von 1 g Radium. Ein Millicurie ist der tausendste Teil hiervon.

Anmerkungen zum zweiten Vortrag.

[1] Radium- und Thorium-Emanation sind, wie wir heute wissen, sogenannte Isotope.

[2] MOSELEY entdeckte in den Röntgenspektren der Elemente zwei Serien, die er als K- und L-Serie unterschied; die K-Serie ist die härtere, und ihre Wellenlängen sind etwa dreimal kleiner als diejenigen der L-Serie. Später wurden als noch weichere Serien eine M- und eine N-Serie festgestellt. Im wesentlichen beruht die Röntgenspektroskopie auf der schon 1905 durch BARKLA entdeckten Tatsache, daß ein von Kathoden- oder Röntgenstrahlen getroffener Körper selbst wieder Röntgenstrahlen aussendet und unter diesen vorwiegend solche enthalten sind, deren „Härte“ (also Durchdringungsvermögen) nur von der chemischen Natur des getroffenen Körpers abhängt. Die Zerlegung der Eigenstrahlung in ein Spektrum wurde MOSELEY durch die von LAUE entdeckte Interferenz der Röntgenstrahlen in Kristallen möglich.

[3] Vgl. hierzu des Verf. Schrift „Die Grundlagen der Quantenchemie“ (Leipzig, Akad. Verl.-Ges. 1929), Erster Vortrag: Die Arithmetik der chemischen Periodizität.

[4] Erst nach der Aufstellung der MOSELEYschen Reihe wurden die Elemente Masurium (Nr. 43), Hafnium (Nr. 72) und Rhenium (Nr. 75) entdeckt.

[5] Isos Topos heißt auf Griechisch der gleiche Platz.

[6] Die Anodenstrahlen wurden 1906 von GEHRCKE und REICHENHEIM entdeckt, die Kanalstrahlen jedoch schon 1886 von GOLDSTEIN.

[7] Außer ASTON und J. J. THOMSON sind Entdeckungen auf massenspektroskopischem Gebiete vor allem BAINBRIDGE, BLEAKNEY, DEMPSTER, TATE, G. P. THOMSON und ZEEMAN gelungen.

[8] Mancherlei, allerdings schwer vermeidbare Irrtümer wurden, wie man später erkannte, durch Hydride verursacht, die ein um Eins erhöhtes

Gewicht haben und somit gar nicht existierende Isotope in den massenspektroskopischen Aufnahmen vortäuschen können. Bei der Methode von BAINBRIDGE ist diese Möglichkeit der Täuschung geringer.

[9] Dabei wurde eine weitgehende Vervollkommnung der ursprünglichen THOMSONschen Methode benutzt.

[10] In sehr geringem Grade ist eine Isotopenanreicherung bereits 1920 HARKINS bei Chlor sowie etwas später BRÖNSTED und HEVESY bei Quecksilber gelungen.

[11] Es fehlen daher das fragliche Beryllium-Isotop 8 und das Sauerstoff-Isotop 17.

[12] Die mit 10000 multiplizierte und durch das (auf eine ganze Zahl abgerundete) Atomgewicht dividierte Abweichung wird von ASTON als Packungsanteil definiert; er beträgt z. B. für Wasserstoff (Isotop von der Masse 1) + 77,8 und für Jod —5,3 usw.

[13] Die Krümmung im Magnetfeld und im elektrischen Feld hängt nämlich von dem Quotienten von Masse und Ladung ab.

[14] Es handelte sich dabei um das gewöhnliche „Linienspektrum", nicht um das Bandenspektrum, also um das Spektrum des Atoms und nicht um das der Molekel!

[15] CHADWICK fand z. B. für Platin 77,4, für Silber 46,3 und für Kupfer 29,3 mit einer Fehlergrenze von 1 Prozent; die entsprechenden Ordnungszahlen sind 78, 47 und 29.

[16] Die Symbole entstammen der optischen Spektroskopie und sind die Anfangsbuchstaben der Worte „Scharf", „prinzipal", „diffus" und „fundamental".

[17] Es ist $2 = 4 \times 0 + 2$; $6 = 4 \times 1 + 2$; $10 = 4 \times 2 + 2$; $14 = 4 \times 3 + 2$ usw.

[18] Doch können auch die peripheren Elektronen in ihren Umläufen in die inneren Gruppen „tauchen".

[19] Die genaueste Methode kombiniert die Messungen des elektrischen Elementarquantums mit elektrochemischen Messungsergebnissen.

Anmerkungen zum dritten Vortrag.

[1] Es ist zu beachten, daß der Durchmesser eines Atoms nur von der Größenordnung von 10^{-8} cm ist.

[2] Die Elektronenemission glühender Metalle und Metalloxyde wurde schon 1902 von RICHARDSON entdeckt.

[3] Ein Mikro-Ampere (μ A) ist der millionte Teil eines Ampere.

[4] Die Kerne des schweren Wasserstoffs werden auch als Diplonen bezeichnet.

[5] Paraffin ist eine Wasserstoff enthaltende chemische Verbindung!

[6] Auf einen möglichen Zusammenhang zwischen dem Neutrino und dem Photon hat Louis de BROGLIE hingewiesen. Durch theoretische Überlegungen, die von den DIRACschen Gleichungen des Elektrons ausgingen, gelangte de BROGLIE zu der Vermutung, daß das Photon eine

Lichtkorpuskel enthalte, die aber in ihrer Bewegung von einer Antikorpuskel begleitet sei. Diese soll sich zu der Lichtkorpuskel selbst ähnlich verhalten wie in der DIRACschen Theorie das positive zu dem negativen Elektron. Die Lichtkorpuskel wird nun von de BROGLIE mit dem Neutrino identifiziert, wodurch sich als weiteres hypothetisches materielles Urteilchen das „Antineutrino" ergibt.

[7] Bemerkenswert ist auch eine interessante kosmologische Schlußfolgerung, zu der DIRAC in seinem Nobel-Preis-Vortrag (1933) gelangte. Er meint, daß es ein Zufall sein könnte, daß auf der Erde und wohl auch in dem ganzen Sonnensystem negative Elektronen und positive Protonen als die Norm erscheinen. In anderen Sternsystemen könnte das Umgekehrte der Fall sein, indem dort die Positronen und negativen Protonen überwiegen; die spektroskopischen und astronomischen Messungen bieten ja keine Möglichkeit einer Entscheidung zwischen den beiden Typen. So erscheint es nach DIRAC denkbar, daß im Universum als ganzem keiner der beiden Typen bevorzugt ist und von der Gesamtzahl der vorhandenen Sternsysteme die eine Hälfte den Proton-Elektron- und die andere den Antiproton-Positron-Typus darstellt.

[8] Die Streuung der Protonen in Wasserstoff wurde experimentell von GERTHSEN, jene der α-Teilchen in Helium von CHADWICK sowie durch BLACKETT untersucht.

[9] Je nachdem, ob der Spin eines Teilchens halbzahlig oder ganzzahlig ist (wobei Null zu den ganzen Zahlen gehört), gilt für die betreffenden Teilchen eine verschiedene Statistik. Dies erkannte man zuerst an dem verschiedenen statistischen Verhalten der freien Elektronen (wie sie in Metallen vorkommen) und der Lichtquanten (denen der Spin null zukommt und deren Statistik in den Gesetzmäßigkeiten der Wärmestrahlung zum Ausdruck kommt).

Anmerkungen zum vierten Vortrag.

[1] Die Dicke wird in „cm Luftäquivalent" angegeben.

[2] Daß außer den beiden Indices auch das chemische Symbol angegeben wird, geschieht natürlich nur um der besseren Übersichtlichkeit willen; tatsächlich ist das Symbol durch die Kernladungszahl bereits bestimmt (von dem Symbol D abgesehen!).

[3] In der Reaktionsformel darf man, obwohl sie sich auf Kerne bezieht, dennoch die Gewichte der ganzen Atome (einschließlich der Planetenelektronen) einsetzen, weil auf beiden Seiten der Formel der Unterschied zwischen den Atom- und den Kernmassen das gleiche Vielfache der Elektronenmasse ist.

[4] Dann müssen sich nämlich die Geschwindigkeiten zueinander verhalten wie 4 : 3, die Geschwindigkeitsquadrate also wie 16 : 9 und somit die kinetischen Energien wie $(3 \times 16) : (4 \times 9)$ oder wie 4 : 3. Diesem Verhältnis der Energien entspricht tatsächlich das beobachtete Verhältnis der Reichweiten — auf Grund der empirischen Beziehung, die Energie und Reichweite miteinander verknüpft.

[5] Die theoretische Schwierigkeit liegt darin, daß auf Grund der Sätze von der Erhaltung der Energie und des Impulses der größtmögliche Wert der Energie eines Teilchens 2/3 der frei werdenden Energie sein sollte, also $7\frac{1}{2}$ eMV. Diesem Werte würde aber — im Widerspruch zu der Beobachtung — eine Grenzweite von 6,6 cm entsprechen!

[6] Die Umwandlung in ein derartiges Isotop müßte angenommen werden, falls das Neutron von einem Bor-Atom von der Masse 10 emittiert würde.

[7] Merkwürdigerweise ist überhaupt keine Grundstoffart von der Masse 5 bekannt.

[8] Die Zertrümmerung des Lithiums wurde von KARA-MICHAILOVA festgestellt, diejenige des Kohlenstoffs von PETTERSSON, diejenige des Sauerstoffs von KIRSCH; die Zertrümmerung der schwereren Elemente fanden KIRSCH und PETTERSSON in gemeinsamen Untersuchungen. Der wesentliche Unterschied zwischen der KIRSCH-PETTERSSONschen Methode und derjenigen der Cambridger Schule besteht darin, daß nach der ersteren Methode Sekundärstrahlen beobachtet werden, die unter ungefähr 150° gegen die primäre α-Strahlung emittiert werden.

[9] CHADWICK und CONSTABLE stellten sogar acht Gruppen fest.

Anmerkungen zum fünften Vortrag.

[1] Daß die radioaktiven Erscheinungen auf Vorgängen beruhen, die sich innerhalb der Atomkerne abspielen, wurde natürlich erst nach der Entdeckung der kernigen Atomstruktur klar.

[2] In einem engen Zusammenhang mit der Halbwertszeit steht die sogenannte Zerfallskonstante; sie ist das Verhältnis zwischen den pro Sekunde zerfallenden und den vorhandenen Atomen der betreffenden Substanz. Die Zerfallskonstante ist gleich dem natürlichen Logarithmus von 2, dividiert durch die Halbwertszeit.

[3] SODDY und FAJANS stellten das Umwandlungsgesetz noch vor der Entdeckung der natürlichen Grundstoffreihe auf, weshalb sie statt von Ordnungszahlen von Gruppenzugehörigkeit innerhalb des periodischen Systems sprachen.

[4] CURIE und JOLIOT verfuhren so, daß sie die Verbindung BN, die sich für die chemischen Untersuchungen gut eignete, nach erfolgter Bestrahlung zusammen mit Ätznatron erhitzten. Dadurch bildete sich gasförmiges Ammoniak (NH_3), mit dem zusammen auch etwaiger, aus Bor durch Kernumwandlung entstandener radioaktiver Stickstoff entweichen mußte. Das Gas wurde mittels flüssiger Luft zum Gefrieren gebracht, und es zeigte sich, daß es tatsächlich eine Radioaktivität von 14 Minuten Halbwertszeit aufweist. Ebenso geht die Aktivität auf ein mit HCl getränktes Blatt infolge der Bildung von Salmiak (NH_4Cl) über.

[5] Das bestrahlte Aluminium wurde in Salzsäure (HCl) gelöst; dabei wird Wasserstoffgas frei, mit dem zusammen auch etwa beigemengte Phosphor-Atome als PH_3 entweichen müßten. Tatsächlich überträgt sich,

wie die Experimente zeigten, die Aktivität auf das Gas mit der ermittelten Halbwertszeit, während sich der Rückstand als inaktiv erweist. Wird das Aluminium statt in Salszäure in Königswasser aufgelöst, welches Phosphor oxydiert und daher am Entweichen verhindert, so ist wiederum das Gas inaktiv usw.

[6] Die Aktivierung dürfte das Lithium-Isotop von der Masse 6 betreffen.

[7] Es dürfte sich dabei um das Isotop K^{41} handeln.

[8] Derartige Umwandlungsverzweigungen sind von natürlichen Radioelementen her wohl bekannt.

[9] HAFSTAD und TUVE fanden, daß bei der Beschießung von Kohlenstoff mit Protonen, denen jede Beimengung von Deutonen fehlte, künstliche Radioaktivität überhaupt nicht auftritt!

[10] Bei der Beschießung von Kohlenstoff mit Deutonen scheint es zu einer verzweigten Umwandlung zu kommen. Unter je zehn Atomen von C^{12} verwandeln sich etwa neun vermutlich direkt in C^{13} (unter Einfangung eines Deutons und Abgabe eines Protons), eines hingegen in den radioaktiven Stickstoff N^{13} unter Einfangung eines Deutons und Abgabe eines Neutrons.

[11] FERMI und seine Mitarbeiter gründeten ihre Vermutung vor allem auf die Tatsache, daß das Radioelement von der Halbwertszeit von 13 min stets mit Mangan und Rhenium ausfällt. v. GROSSE zeigte, daß dies aber auch für das 91. Element, Protactinium zutrifft, und vermutet daher in dem Element von der genannten Halbwertszeit ein Isotop der Ordnungszahl 91.

Übersicht über die wichtigste Literatur.

I. Vortrag.

E. G. STEINKE, Die kosmische Ultrastrahlung in „Ergebnissen der exakten Naturwissenschaften", **13**, 1934, Verlag Springer, Berlin

C. D. ANDERSON, R. A. MILLIKAN, S. NEDDERMEYER, W. PICKERING, Phys. Rev. **45**, 1934, 352.

J. CLAY, Physica **1**, 1934, 362

P. M. S. BLACKETT und G. P. S. OCCHIALINI, Proc. Roy. Soc. London (A) **139**, 1933, 699

D. S. SKOBELZYN, Zeitschr. f. Physik **43**, 1927, 354

R. FLEISCHMANN und W. BOTHE, Künstliche Kern-γ-Strahlungen, Neutronen, Positronen in „Ergebnissen der exakten Naturwissenschaften", **13**, 1934, Verlag Springer, Berlin

L. MEITNER und K. PHILIPP, Naturwiss. **21**, 1933, 268, 468

I. CURIE und F. JOLIOT, Compt. rend. Acad. Sci. Paris **196**, 1933, 1105

C. D. ANDERSON und S. H. NEDDERMEYER, Phys. Rev. **43**, 1933, 1034

L. H. GRAY und G. T. P. TARRANT, Proc. Roy. Soc. London (A) **143**, 1934, 681, 706

II. Vortrag.

F. W. ASTON, Mass-Spectra and Isotopes, London (Verlag Arnold & Co.) 1933

J. MATTAUCH, Isotopenforschung (Zusammenfassender Bericht) in Physik. Zeitschr. **35**, 1934, 567

K. T. BAINBRIDGE, The Masses of Atoms and the Structure of Atomic Nuclei (zusammenfassend), Journ. Franklin Inst. **215**, 1933, 509; auch Phys. Rev. **41**, 1932, 115; **42**, 1932, 1

O. HAHN, Die chemischen Elemente und natürlichen Atomarten nach dem Stande der Isotopenforschung; Ber. Deutsch. Chem. Ges. **68**, 1935, 1

G. HERTZ, Zeitschr. f. Phys. **79**, 1932, 108

G. HERTZ und H. HARMSEN, Zeitschr. f. Phys. **82**, 1933, 589

R. FRERICHS, Das Wasserstoff-Isotop in „Ergebnissen der exakten Naturwissenschaften", Bd. **13**, 1934, Verlag Springer, Berlin

H. MARK, Das schwere Wasser, Wien (Verlag Deuticke) 1934

M. L. OLIPHANT, P. HARTECK und Lord RUTHERFORD, Nature **133**, 1934, 413; Proc. Roy. Soc. London (A) **144**, 1934, 692

III. Vortrag.

J. D. COCKCROFT und E. T. S. WALTON, Proc. Roy. Soc. London (A) **136**, 1932, 619; **137**, 1932, 229; **144**, 1934, 704
Lord RUTHERFORD und M. L. OLIPHANT, Proc. Roy. Soc. London (A) **141**, 1933, 259
E. O. LAWRENCE und M. S. LIVINGSTON, Phys. Rev. **40**, 1932, 19; **45**, 1934, 220, 608
H. BECKER und W. BOTHE, Zeitschr. f. Phys. **66**, 1930, 289; **76**, 1932, 421
I. CURIE und F. JOLIOT, Compt. rend. Acad. Sci. Paris **194**, 1932, 273, 708, 876
J. CHADWICK, Proc. Roy. Soc. London (A) **136**, 1932, 692
N. FEATHER, Proc. Roy. Soc. London (A) **136**, 1932, 709; **141**, 1933, 194; **142**, 1933, 689
W. D. HARKINS, D. M. GANS und H. W. NEWSON, Phys. Rev. **43**, 1933, 208, 362, 584, 1055; **44**, 1933, 236, 529, 945
Th. SEXL, Bericht über die Fragen der Kernphysik, Physik. Zeitschr. **35**, 1934, 119
E. GUTH und Th. SEXL, Phys. Zeitschr. **32**, 1931, 941
N. F. MOTT, Wellenmechanik und Kernphysik in Handbuch der Physik, herausgegeben von GEIGER-SCHEEL, Bd. **24**, 2. Aufl., 1933, 785

IV. Vortrag.

K. K. DARROW, Contemporary Advances in Physics, The Nucleus, in Bell System Technical Journal Bde. **12—14**
P. I. DEE und E. T. S. WALTON, Proc. Roy. Soc. London (A) **141**, 1933, 733
F. KIRCHNER, Physik. Zeitschr. **33**, 1932, 777
M. C. HENDERSON, Phys. Rev. **43**, 1933, 98
M. L. OLIPHANT, E. S. SHIRE und B. M. CROWTHER, Proc. Roy. Soc. London **146**, 1934, 922
W. BLEAKNEY, G. P. HARNWELL, W. W. LOZIER, P. T. SMITH und H. D. SMYTH, Phys. Rev. **46**, 1934, 81
G. P. HARNWELL, H. D. SMYTH und W. D. URRY, Phys. Rev. **46**, 1934, 437
J. CHADWICK und M. GOLDHABER, Nature **134**, 1934, 237
H. POSE, Physik. Zeitschr. **35**, 1934, 633
E. KARA-MICHAILOVA, Wien. Ber. **143**, 1934, 1

V. Vortrag.

I. CURIE und F. JOLIOT, Compt. rend. Acad. Sci. Paris **198**, 1934, 254
E. D. ELLIS und W. J. HENDERSON, Nature **133**, 1934, 530
O. R. FRISCH, Nature **133**, 1934, 721

L. MEITNER und K. PHILIPP, Zeitschr. f. Phys. **22**, 1934, 420
M. ZYW, Nature **134**, 1934, 64
E. D. ELLIS und W. J. HENDERSON, Nature **133**, 1934, 530
I. D. COCKCROFT, C. W. GILBERT und E. T. S. WALTON, Nature **133**, 1934, 328
H. R. CRANE und C. C. LAURITSEN, Phys. Rev. **45**, 1934, 497
M. C. HENDERSON, M. S. LIVINGSTON und E. O. LAWRENCE, Phys. Rev. **45**, 1934, 428
E. FERMI, E. AMALDI, O. D'AGOSTINO, F. RASETTI, E. SEGRÈ, Ricerca scientifica **5** (1), 1934, 452
R. FLEISCHMANN, Naturwiss. **22**, 1934, 434
I. CURIE, F. JOLIOT und P. PREISWERK, Compt. rend. Acad. Sci. Paris **198**, 1934, 2089
A. v. GROSSE, und M. AGRUSS, Phys. Rev. **46**, 1934, 241.

Namenverzeichnis.

Sachverzeichnis.

FSC
www.fsc.org
MIX
Papier | Fördert
gute Waldnutzung
FSC® C083411

Zeitfracht Medien GmbH
Ferdinand-Jühlke-Straße 7
99095 Erfurt, Deutschland
produktsicherheit@kolibri360.de